Web 前端技术丛书

HTML5+CSS3
Web 前端
开发与实例教程 （微课视频版）

主　编　卢欣欣　崔仲远
副主编　郭慧玲　侯　燕

清华大学出版社
北京

内 容 简 介

本书秉承"思政引领，立德树人"的教育理念，自然融入多维度、深层次的思政元素，全面对标企业和行业需求；引入现代 Web 前端开发的核心技术，如 Flex 布局、Grid 布局，以及人工智能编程插件，同时融入企业开发实践，确保学习内容与实际工作紧密相关。全书以一个完整案例为主线，结合综合项目实战操作，体现育人、应用和创新三项能力。本书配套提供课程思政元素、案例源代码、PPT 课件、课后习题与答案、微课视频、教案、教学大纲、章节测试、云题库、实验报告、学习通在线课程、企业高频面试题、学科竞赛真题等丰富的教学资源，并设有 QQ 群提供线上学习跟踪和指导服务。

本书共分 14 章，系统地讲解 Web 前端开发的核心技术，主要内容包括 Web 前端开发概述、HTML5 基础、HTML5 页面元素和属性、表单、CSS3 基础、CSS3 修饰页面元素、CSS3 高级选择器、CSS3 盒子模型、浮动与定位、CSS3 高级应用、网页布局、Flex 布局、Grid 布局等，并提供"大学生参军入伍专题网站"和"文创商城"两个实战案例。

本书既可作为本专科院校计算机相关专业的 Web 程序设计、网页设计与制作等课程的教材，也可作为 Web 应用开发人员的自学手册和技术参考书。

图书在版编目（CIP）数据

HTML5+CSS3 Web 前端开发与实例教程：微课视频版 /
卢欣欣，崔仲远主编. -- 北京：清华大学出版社，2024.6.
(Web 前端技术丛书). -- ISBN 978-7-302-66515-1

Ⅰ. TP312.8 ; TP393.092.2

中国国家版本馆 CIP 数据核字第 2024N7K669 号

责任编辑：夏毓彦
封面设计：王 翔
责任校对：闫秀华
责任印制：刘海龙

出版发行：清华大学出版社
　　　　网　　　址：https://www.tup.com.cn，https://www.wqxuetang.com
　　　　地　　　址：北京清华大学学研大厦 A 座　　　　　邮　　编：100084
　　　　社 总 机：010-83470000　　　　　　　　　　　邮　　购：010-62786544
　　　　投稿与读者服务：010-62776969，c-service@tup.tsinghua.edu.cn
　　　　质 量 反 馈：010-62772015，zhiliang@tup.tsinghua.edu.cn

印 装 者：涿州汇美亿浓印刷有限公司
经　　销：全国新华书店
开　　本：190mm×260mm　　　　　印　　张：18.25　　字　　数：492 千字
版　　次：2024 年 6 月第 1 版　　　　　印　　次：2024 年 6 月第 1 次印刷
定　　价：69.00 元

产品编号：104600-01

前　　言

HTML5与CSS3是当今Web开发领域的两大核心技术，它们共同为网页的创建和呈现提供了强大的支持。Web程序设计、网页设计与制作等Web前端课程已成为大多数高校计算机科学与技术、软件工程等专业的一门重要课程，也是Web应用开发工程师必须掌握的技能。

本书编者具有丰富的项目开发经验，以"从项目中来到项目中去"为主旨，从Web前端开发的基本概念入手，深入介绍HTML5基础、HTML5页面元素和属性、表单、CSS3基础、CSS3修饰页面元素、CSS3高级选择器、CSS3盒子模型、浮动与定位、CSS3高级应用、网页布局、Flex布局、Grid布局和Web前端项目综合实践等内容。

在章节安排上，本书采取"知识点讲解+示例解析+案例详解+实践操作"的递进式教学模式，引导读者从理论知识的理解，到实际技能的掌握，再到复杂问题的解决，全面提升读者解决复杂问题的能力。

本书特色

1. 思政引领，铸就德育之基

本书紧紧围绕"为谁培养人，培养什么人，怎样培养人"这一根本性问题，以社会主义核心价值观为主线，将思政元素与教材内容有机融合，从人文素养、人格发展、科学精神、家国情怀等几个维度进行系统性设计，实现知识传授和价值塑造的有机结合。

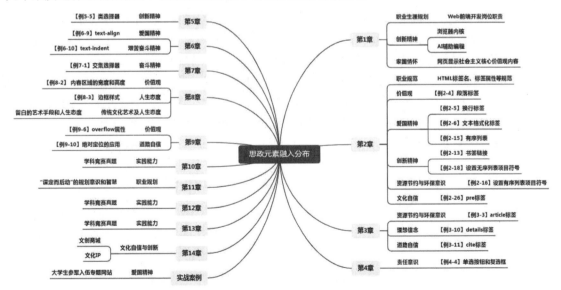

思政元素融入分布图

2. 学生为本，能力为先

全书以一个完整案例为主线，辅以综合项目的实战操作，形成案例导入、基本理论阐释、经典方案展示以及实战应用相结合的教材结构，全面提高学生解决实际问题的工程能力。

3. 紧贴企业需求，对接行业标准

本书引入Flex布局、Grid布局、人工智能编程插件等现代Web前端开发技术和工具，同时将章节内容与企业开发实践紧密结合，确保学生的能力水平达到企业的要求，实现与社会需求的无缝对接，有效提升学生的就业竞争力。

配套资源与答疑服务

本书提供课程思政元素、案例源代码、PPT课件、课后习题与答案、微课视频、教案、教学大纲、章节测试、云题库、实验报告、学习通在线课程、企业高频面试题、学科竞赛真题等丰富的教学资源，并设有QQ群，提供线上学习跟踪指导服务。读者需要用自己的微信扫描下面二维码来获取这些资源。如果下载有问题，请发送邮件至booksaga@163.com，邮件主题为"HTML5+CSS3 Web前端开发与实例教程：微课视频版"。

作者与鸣谢

本书第1、8、10、11章由崔仲远编写，第2章由王常勃编写，第3、7章由侯燕编写，第4章由郭世豪编写，第5、6章由郭慧玲编写，第9、12、13、14章由卢欣欣编写。全书由卢欣欣统稿。

本书在编写过程中，得到了清华大学出版社的大力支持，特别感谢夏毓彦编辑，正是有了他的鼎力相助，本书才得以顺利完成并与广大读者见面。同时，感谢我们的家人对本书编写工作的关心和理解，他们的默默支持是我们前行的强大动力。

虽然编者在编写过程中竭尽全力提供优质且实用的教材和教学资源，但由于个人水平和经验有限，不足和疏漏之处在所难免，恳请各位专家和读者批评指正，并提出宝贵的意见或建议。

编　者
2024 年 5 月

目 录

第1章　Web 前端开发概述 1

1.1　Web 前端开发职责 1
1.2　Web 前端开发相关概念 2
1.3　Web 前端开发相关技术 3
　　1.3.1　Web 标准 3
　　1.3.2　HTML 4
　　1.3.3　CSS 4
　　1.3.4　JavaScript 5
1.4　Web 前端开发工具 5
　　1.4.1　代码编辑工具：VSCode 6
　　1.4.2　代码运行工具：浏览器 8
　　1.4.3　开发者工具 9
　　1.4.4　人工智能辅助编程工具 ...10
1.5　网站设计与开发流程 11
1.6　实战案例：网页显示"社会主义核心价值观" 12
1.7　本章小结 13

第2章　HTML5 基础 14

2.1　HTML5 语法基础 14
　　2.1.1　HTML 文档结构 14
　　2.1.2　HTML 标签语法 17
　　2.1.3　HTML 注释 18
2.2　文本控制标签 19
　　2.2.1　标题标签 19
　　2.2.2　段落标签 20
　　2.2.3　换行标签 20
　　2.2.4　文本格式化标签 21
　　2.2.5　特殊字符 22
2.3　图像标签 23
　　2.3.1　网页常用图像格式 23

2.3.2　图像标签的使用 24
2.3.3　相对路径与绝对路径 26
2.4　超链接标签 27
　　2.4.1　文本链接 27
　　2.4.2　图像链接 28
　　2.4.3　书签（锚点）链接 28
　　2.4.4　其他链接 30
2.5　列表 30
　　2.5.1　有序列表 31
　　2.5.2　无序列表 32
　　2.5.3　定义列表 34
　　2.5.4　嵌套列表 35
2.6　表格 36
　　2.6.1　表格结构 36
　　2.6.2　表格标签 37
2.7　视频和音频标签 41
　　2.7.1　视频标签 41
　　2.7.2　音频标签 42
2.8　其他标签 42
　　2.8.1　预格式化标签 42
　　2.8.2　水平线标签 43
　　2.8.3　行内容器标签 43
2.9　实战案例："大学生参军网站"兵役登记页面 44
2.10　本章小结 46

第3章　HTML5 页面元素和属性 47

3.1　文档结构标签 47
　　3.1.1　<header>标签 47
　　3.1.2　<footer>标签 49
　　3.1.3　<article>标签 50
　　3.1.4　<section>标签 51

3.1.5　<aside>标签 53

3.1.6　<nav>标签 53

3.1.7　<figure>和<figcaption>
标签 54

3.1.8　<main>标签 55

3.2　交互元素 55

3.2.1　<progress>标签 55

3.2.2　<meter>标签 56

3.2.3　<details>标签 57

3.3　文本层次语义标签 58

3.3.1　<cite>标签 58

3.3.2　<mark>标签 59

3.3.3　<time>标签 60

3.4　全局属性 61

3.5　实战案例："大学生参军网站"页面
结构 62

3.6　本章小结 64

第4章　表单 65

4.1　表单概述 65

4.2　<form>标签 67

4.3　<input>标签 68

4.3.1　单行文本框 69

4.3.2　密码框 69

4.3.3　文件域 70

4.3.4　单选按钮和复选框 71

4.3.5　隐藏域 73

4.3.6　按钮 73

4.3.7　HTML5 新增输入元素 76

4.4　<datalist>标签 78

4.5　<label>标签 79

4.6　选择列表标签 80

4.7　多行文本框标签 83

4.8　表单常用属性 84

4.9　实战案例："大学生参军网站"网上
咨询表单 86

4.10　本章小结 88

第5章　CSS3 基础 89

5.1　CSS 概述 89

5.2　CSS 语法规则 90

5.3　CSS 样式的引入方法 91

5.3.1　行内样式表 91

5.3.2　内部样式表 92

5.3.3　外部样式表 93

5.4　CSS 基本选择器 94

5.4.1　标签选择器 94

5.4.2　ID 选择器 95

5.4.3　类选择器 95

5.4.4　通用选择器 97

5.5　实战案例："大学生参军网站"公共
样式表制作 97

5.6　本章小结 98

第6章　CSS3 修饰页面元素 99

6.1　CSS 字体样式 99

6.1.1　字体粗细属性 99

6.1.2　字体风格属性 100

6.1.3　字体大小属性 101

6.1.4　字体族属性 103

6.1.5　字体属性 106

6.2　CSS 文本样式 107

6.2.1　行高属性 107

6.2.2　颜色属性 109

6.2.3　文本水平对齐属性 110

6.2.4　首行缩进属性 111

6.2.5　文本修饰属性 111

6.2.6　字符间距属性 112

6.2.7　字间距属性 113

6.2.8　字母大小写属性 114

6.2.9　文本阴影效果属性 115

6.3　CSS 表格样式 116

6.4　CSS 表单样式 118

6.4.1　单行文本框美化 119

6.4.2　按钮美化 120

6.4.3　下拉列表美化 120
6.5　CSS 列表样式 122
6.6　实战案例："大学生参军网站"在线
咨询页面 123
6.7　本章小结 126

第 7 章　CSS3 高级选择器 127
7.1　组合选择器 127
7.1.1　交集选择器 127
7.1.2　并集选择器 128
7.1.3　后代选择器 129
7.1.4　子元素选择器 130
7.1.5　相邻兄弟选择器 131
7.1.6　通用兄弟选择器 132
7.2　属性选择器 133
7.3　伪类选择器 134
7.4　伪元素选择器 136
7.5　CSS 三大特性 138
7.6　本章小结 141

第 8 章　CSS3 盒子模型 142
8.1　盒子模型概述 142
8.1.1　认识盒子模型 142
8.1.2　<div>标签 144
8.2　盒子模型的相关属性 144
8.2.1　内容区域的宽度和高度 144
8.2.2　边框 145
8.2.3　内边距 152
8.2.4　外边距 153
8.3　阴影 155
8.4　box-sizing 156
8.5　背景属性 158
8.5.1　背景颜色 158
8.5.2　背景图像 158
8.5.3　图像平铺方式 158
8.5.4　背景图像位置 160
8.5.5　背景图像固定 161
8.5.6　背景图像大小 161
8.5.7　背景裁剪 163

8.5.8　背景复合属性 164
8.5.9　CSS 精灵图 165
8.6　实战案例："大学生参军网站"登录
页面 166
8.7　本章小结 169

第 9 章　浮动与定位 170
9.1　标准文档流 170
9.2　元素的分类 171
9.2.1　块级元素、行内元素与行内块
元素 171
9.2.2　元素的类型转换 172
9.3　元素的浮动 173
9.3.1　设置浮动 174
9.3.2　清除浮动 176
9.4　元素的定位 180
9.4.1　定位的概念 180
9.4.2　定位属性 181
9.4.3　静态定位 181
9.4.4　相对定位 182
9.4.5　绝对定位 183
9.4.6　固定定位 186
9.4.7　粘性定位 187
9.4.8　层叠等级属性 188
9.5　实战案例："大学生参军网站"轮播
图效果 190
9.6　本章小结 192

第 10 章　CSS3 高级应用 193
10.1　变换 193
10.1.1　旋转 194
10.1.2　倾斜 195
10.1.3　缩放 196
10.1.4　平移 197
10.1.5　变换原点 198
10.2　过渡 200
10.3　动画 202
10.4　实战案例："大学生参军网
站"CSS3 高级应用 205

10.5　本章小结.............................208

第 11 章　网页布局.............................209

11.1　网页布局概述.........................209
 11.1.1　网页布局的概念.........209
 11.1.2　网页布局的流程.........210
 11.1.3　常见的网页布局方法......211
11.2　网页布局命名规范.................211
11.3　常见布局的实现.....................212
 11.3.1　单列布局.................212
 11.3.2　两列常规布局.........214
 11.3.3　三列常规布局.........216
 11.3.4　两列自适应等高布局......217
 11.3.5　三列自适应布局.........219
11.4　实战案例："大学生参军网站"首页
  主体部分.........................223
11.5　本章小结.................................225

第 12 章　Flex 布局.............................226

12.1　Flex 布局概述.........................226
12.2　Flex 布局相关概念.................227
12.3　容器属性.................................227
 12.3.1　display 属性.................228
 12.3.2　flex-direction 属性.........228
 12.3.3　flex-wrap 属性.............230
 12.3.4　justify-content 属性.........232
 12.3.5　align-items 属性.........233
 12.3.6　align-content 属性.........235
12.4　项目属性.................................236
 12.4.1　order 属性.................236
 12.4.2　flex-grow 属性.........237
 12.4.3　flex-shrink 属性.........239
 12.4.4　flex-basis 属性.........240
 12.4.5　flex 属性.................241
12.5　实战案例："大学生参军网站"
  导航条.........................242

12.6　本章小结.............................244

第 13 章　Grid 布局.............................245

13.1　Grid 布局概述.........................245
13.2　Grid 布局相关概念.................246
13.3　容器属性.................................246
 13.3.1　display 属性.................247
 13.3.2　划分网格.................248
 13.3.3　行间隔和列间隔.........252
 13.3.4　项目对齐方式.........253
13.4　项目属性.................................255
 13.4.1　grid-column 和 grid-row
   属性.........................255
 13.4.2　grid-area 属性.........257
13.5　实战案例："大学生参军网站"视频
  展播列表.........................258
13.6　本章小结.................................260

第 14 章　Web 前端项目综合实践——
文创商城.............................261

14.1　项目概述.................................261
14.2　需求分析.................................262
14.3　原型设计.................................262
14.4　公共部分的设计与实现.............265
 14.4.1　重置样式.................265
 14.4.2　页面头部.................265
 14.4.3　页面底部.................268
 14.4.4　悬浮侧边栏.................270
14.5　首页的设计与实现.................271
 14.5.1　甄选好物版块.........271
 14.5.2　国博文房版块.........274
14.6　商品列表页的设计与实现.........277
 14.6.1　商品类型筛选.........277
 14.6.2　分页导航.................278
14.7　商品详情页的设计与实现.........279
14.8　本章小结.................................283

第1章

Web 前端开发概述

Web前端开发主要负责将UI设计图按照W3C（World Wide Web Consortium，万维网联盟）标准制作成HTML页面，并使用CSS进行布局美化、使用JavaScript实现动态交互。HTML、CSS和JavaScript是Web前端开发的必备技术。在学习Web前端开发之前，读者需要了解Web前端开发是做什么的，它需要哪些技术和开发工具等基础知识。本章将介绍Web前端开发的相关概念，并编写第一个HTML页面。

本章学习目标

- 了解 Web 前端开发岗位职责，能够有效地规划个人在这一领域的职业发展路径。
- 了解 Web 标准，能够明确 HTML、CSS 和 JavaScript 的作用。
- 了解 Web 前端开发技术和常用工具，能够独立安装和使用 VSCode 及插件。
- 了解人工智能辅助编程，能够使用通义灵码等人工智能插件辅助编程。
- 了解网站设计与开发的过程，能够说出每一阶段的工作内容。

1.1　Web 前端开发职责

Web前端开发主要负责网站前端的开发，例如企业网站、门户类型网站、电商网站、后台管理系统页面等，包括以下具体内容。

（1）将UI原型图、设计图（相当于网页的草图，比如图1-1所示就是用Photoshop画出的网页图）按照W3C标准制作成HTML页面，并使用CSS进行布局美化。

（2）编写网页的交互效果、表单验证等功能，提高用户体验，增加用户黏度。例如当用户注册时，如果输入的用户名或密码错误，则应有相应提示，如图1-2所示。

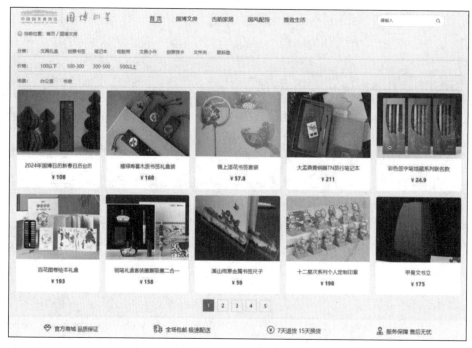

图 1-1   网页图

（3）确保网站在各种浏览器和操作系统上有良好的兼容性和可访问性。

（4）与服务端开发人员紧密合作，制作前端及后端程序接口标准。

（5）持续优化前端体验和页面响应速度，提升Web界面的友好度和易用性。

图 1-2   输入数据不正确时显示提示信息

1.2   Web 前端开发相关概念

本节介绍以下5个与Web前端开发相关的概念。

1. Web

Web通常指的是"万维网"（World Wide Web），这是互联网上的一个信息服务系统，以超文本和超链接为核心，由无数互相链接的网页组成，包含了文本、图片、音频、视频等多种媒体形式。用户可以通过浏览器访问这些网页，获取各种信息和服务。

Web的发展极大地改变了人们获取和交流信息的方式，使得全球范围内的信息获取变得前所未有的便捷。Web技术也在不断发展，包括前端技术（如HTML、CSS、JavaScript等）、后端技术

（如各种服务器端编程语言和框架）、数据库技术、网络安全技术等，这些技术的发展使得Web应用的功能越来越强大，用户体验也越来越好。

在现代生活中，Web已经成为人们获取新闻、学习知识、娱乐休闲、在线购物等各个方面的重要渠道。同时，Web也是企业和组织展示自身形象、提供产品和服务的重要平台。因此，Web在人们的生活和工作中扮演着越来越重要的角色。

2. URL

URL是Uniform Resource Locator的缩写，中文翻译为"统一资源定位符"。它用于指定互联网上某个资源的地址，比如网页、图片、视频、文件等。URL通常由多个部分组成，包括协议（如http或https）、域名（网站地址）、端口号（如果是非默认端口）、路径（资源在服务器上的位置）以及可能的查询字符串和片段标识符。

例如，"https://www.服务器地址/images/logo.png"代表互联网上某幅图片的地址。

3. 网页

网页是构成网站的基本元素，是承载各种网站应用的平台。网页是一个包含HTML标签的纯文本文件，文件扩展名为.html或.htm。

4. 网站

网站是指在互联网上根据一定的规则，使用HTML、CSS、JavaScript等制作的用于展示特定内容的相关网页的集合。

5. Web 后端

Web后端主要负责与数据库交互并处理业务逻辑。在后端开发中，重要的考虑因素包括功能实现、数据访问以及平台的稳定性。后端开发人员通常使用多种编程语言，如Java、Python、Ruby和PHP等。同时，他们也利用各种Web开发框架和库，例如Django、Ruby on Rails和Flask，来提高开发效率和代码质量。此外，后端开发不可或缺的还有数据库和服务器软件的使用，常见的数据库有MySQL、PostgreSQL，常见的Web服务器软件有Apache和Nginx。

1.3　Web 前端开发相关技术

本节主要介绍与Web前端开发相关的技术。

1.3.1　Web 标准

Web标准是由W3C和其他标准化组织共同制定的网页设计和开发的一系列标准，它们被设计用来确保网页在各种浏览器和操作系统上显示出正确的样式和功能。网页主要由3部分组成：结构（Structure）、表现（Presentation）和行为（Behavior）。对应的标准也分为3方面：结构化标准（HTML和XML）、表现标准（CSS）和行为标准（W3C DOM、ECMAScript）。

Web标准的设计是为了提高网页的可读性、可访问性和可维护性，使网页在不同浏览器和不同设备上都能正常显示，以提升用户体验。

💡 **注意：** W3C 创建于 1994 年，是 Web 技术领域具有权威性和影响力的国际中立性技术标准机构。W3C 已发布了多项具有深远影响的 Web 技术标准及实施指南，如结构化标准语言 HTML、表现标准语言 CSS，以及行为标准 W3C DOM 和 ECMAScript 等。

1.3.2　HTML

HTML（Hyper Text Markup Language），中文译为"超文本标记语言"，是一种用来结构化网页及其内容的标记语言。

超文本的意思是指不仅可以是普通文本，还可以包含图片、链接、音乐、视频等非文本元素。

标记语言是指，HTML不是编程语言，没有逻辑处理能力和计算能力，不能动态地生成内容，而只能用来标记网页中的内容。HTML通过不同的标签来标记不同的内容、格式、布局等。例如，<img/>表示一幅图片，<a>表示一个链接，<table>表示一张表格，<input>表示一个表单元素，<p>表示一段文本，<strong>表示文本加粗效果，<div>表示块级布局等。

HTML从诞生至今经历了多个版本，依次是HTML2.0、HTML3.2、HTML4.0、HTML4.01、HTML5等，如图1-3所示。本书讲解的是最新的HTML5版本。

图 1-3　HTML 发展历史

1.3.3　CSS

CSS（Cascading Style Sheets），中文译为"层叠样式表"，它是一种对HTML标记的内容进行更加丰富的装饰，并将网页表现样式与网页结构分离的样式设计语言。可以使用CSS控制HTML页面中的文本内容、图像外形以及版面布局等外观的显示样式。

使用HTML标签构建页面结构时，标签使用的都是自己在浏览器中的默认样式，而这些默认样式通常美感不足。CSS样式就相当于"化妆师"，把页面上的内容"梳妆打扮"一番，然后将漂亮的页面呈现在用户面前。例如，图1-4是浏览器默认的显示样式，图1-5是使用CSS修饰后的一种样式。

> 思 想二十大时间习近平文汇学习理论红色中国学习科学
> 国 际五个一工程学习电视台学习电台强军兴军学习文化

图 1-4　浏览器默认的显示样式

| 思 想 | 二十大时间 | 习近平文汇 | 学习理论 | 红色中国 | 学习科学 |
| 国 际 | 五个一工程 | 学习电视台 | 学习电台 | 强军兴军 | 学习文化 |

图 1-5　使用 CSS 修饰后的一种样式

CSS从诞生至今经历了多个版本，依次是CSS1、CSS2、CSS3等，如图1-6所示。目前，CSS仍在不断发展。CSS3中引入了更多的新特性，如边框特性、阴影、背景、文本特效、动画效果等。本书讲解的是CSS3。

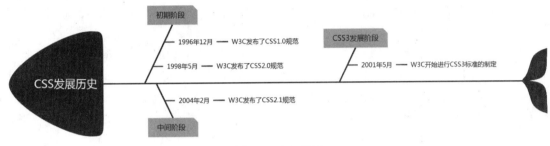

图 1-6　CSS 历史

1.3.4　JavaScript

JavaScript是一种解释型的脚本语言，它诞生于1995年，最初由Netscape公司的布兰登·艾奇（Brendan Eich）设计并命名为LiveScript，在Netscape与Sun合作之后被命名为JavaScript。它可以让网页响应某些"行为"，使网页具有良好的交互性，包括表单验证、实时的内容更新、交互式的地图和响应浏览者的操作等。

综上所述，HTML、CSS和JavaScript共同构建了我们所看到的网页的展示和交互。具体来说，HTML定义了网页的结构，CSS负责描述网页的样式，而JavaScript则控制网页的行为。这三者虽为不同的技术，各可独立存在，但通常需要协同工作以发挥最佳效果。通常情况下，HTML需要CSS和JavaScript的配合，以优化功能表现和视觉效果；CSS通常不会脱离HTML单独使用；而JavaScript则有更大的灵活性，它可以独立存在，并且能够操作HTML和CSS。

注意：本书重点讲解如何使用 HTML5 和 CSS3 制作静态网页。静态网页是相对于动态网页而言的，是指没有后台数据库、不含程序的网页。动态网页显示的内容是可以随着时间、环境或者数据库操作的结果而发生改变的。

在学习了 HTML、CSS 之后，Web 前端开发还需掌握 JavaScript、前端框架（如 React、Angular、Vue）、CSS 预处理器（如 Sass、Less）、设计框架（如 Bootstrap）、版本控制系统（如 Git）、前端构建工具（如 Webpack、Gulp）、跨浏览器兼容性、前端调试、前端测试、前端安全等知识。

1.4　Web 前端开发工具

Web前端开发涉及多种工具，从文本编辑器到框架、库，以及各种构建和优化工具。这些工具协助开发人员设计、编码、测试和优化网站与应用程序。本节主要介绍一下重要的前端开发工具。

1.4.1 代码编辑工具：VSCode

Web前端开发可以使用任何一种文本编辑器进行编辑，例如Visual Studio Code（简称VSCode）、WebStorm、HBuilder、Sublime、Dreamweaver等。

VSCode是一款免费开源的现代化轻量级代码编辑器，支持主流开发语言的语法高亮、智能代码补全、自定义热键、括号匹配、代码片段等特性，支持插件扩展，并针对网页开发和云端应用开发做了优化。

近年来，VSCode被认为是最受开发者欢迎的开发环境。本书使用VSCode作为代码编辑工具。VSCode软件界面如图1-7所示。

图 1-7   VSCode 软件界面

1. 下载安装 VSCode

登录VSCode官网首页，选择与自己计算机系统对应的版本下载安装即可。

2. VSCode 插件

VSCode插件是VSCode的功能扩展，它利用VSCode开放的一些API进行开发，以解决开发中的一些问题，提高生产效率。这些插件可以丰富VSCode的功能，满足用户的不同需求。例如，从官网下载的VSCode默认是英文，开发者可以选择一款中文汉化插件进行汉化，步骤如下：打开VSCode，在左侧边栏中单击"扩展"按钮，在搜索框中输入Chinese，然后选择一款插件并单击Install按钮就可以完成插件的安装，如图1-8所示。

以下是VSCode中常见的一些插件：

- Open in Browser：用于在浏览器中快速打开网页文件，查看其渲染效果。
- ESLint：用于 JavaScript 代码的语法检查和风格检查，它可以帮助开发人员遵循一致的编码规范，提高代码的可读性和可维护性。

● Live Server：提供一个本地开发服务器，以便实时预览和调试网页应用程序。
● TODO Highlights：用于帮助开发人员识别和管理代码中的待办事项。
● VSCode Icons：为文件和文件夹添加图标，以增强编辑器的可视化效果和可识别性。

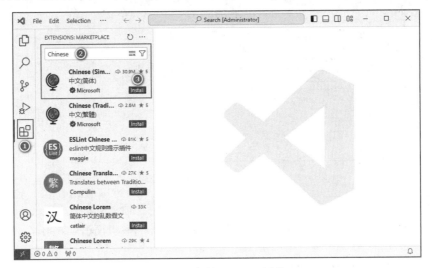

图 1-8　安装 VSCode 插件

在使用插件时，可以通过VSCode的插件市场进行搜索和安装。同时，也需要注意插件的来源和可靠性，避免因安装恶意插件而对计算机和个人信息造成威胁。

3. 新建 HTML 文件

要使用VSCode创建HTML文件，可以选择"文件"菜单中的"新建文本文件"命令，这时会创建一个"Untitled-1"纯文本文件，它还不是HTML类型的文件。将它保存到计算机上，选择"文件"菜单中的"保存"命令，此时会弹出一个"另存为"对话框，在该对话框中选择一个文件夹来保存该文件，并将该文件命名为"1.html"。此时VSCode会根据文件的扩展名将该文件识别为HTML类型的文件，并且"Untitle-1"也变成了"1.html"，如图1-9所示。

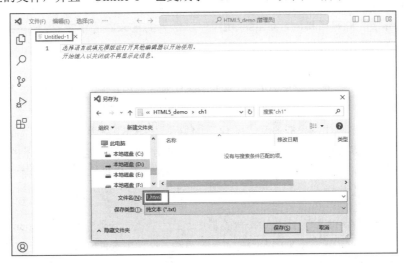

图 1-9　新建 HTML 文件

创建空白文件后，在代码编辑区输入"html"并选择"html:5"或直接输入"!"后按Enter键，可以快速生成HTML文件代码。自动生成的代码如图1-10所示。

图 1-10　自动生成代码

编写代码之后，可以单击"运行"菜单下的"启动调试"选项，或安装"Open in Browser"插件后在快捷菜单中选择"Open in Browser"选项，在浏览器中查看页面渲染效果。

1.4.2　代码运行工具：浏览器

浏览器是网页运行的平台，常见的浏览器有Chrome、Safari、Edge和Firefox等。

浏览器最重要的部分是浏览器的内核，它也被称为"渲染引擎"，用来解释网页语法并将其渲染到网页上。浏览器内核决定了浏览器如何显示网页内容以及页面的格式信息。由于不同的浏览器内核对网页的语法解释不同，因此开发者需要在不同内核的浏览器中测试网页的渲染效果。

浏览器内核可以分成渲染引擎和JavaScript引擎两部分。早期的渲染引擎和JavaScript引擎并没有明确区分，随着JavaScript引擎越来越独立，现在的内核倾向于只指渲染引擎。

渲染引擎负责获取网页内容、整理信息以及计算网页的显示方式，然后将其输出至显示器或打印机。常见的渲染引擎有Chrome和Edge浏览器使用的Blink、Firefox浏览器使用的Gecko、Safari浏览器使用的Webkit等。

JavaScript引擎负责解释和执行JavaScript程序。常见的JavaScript引擎有Chrome浏览器使用的V8、Firefox浏览器使用的SpiderMonkey、Safari浏览器使用的JavaScriptCore和Edge浏览器使用的Chakra等。

虽然全世界的浏览器有着千千万万种，但主要的浏览器内核只有3种：Blink内核、Webkit内核和Gecko内核，这些都是美国的技术成果。在庞大的浏览器市场中，如果国产浏览器依赖于这些现有的内核技术，它们往往只能扮演"配角"的角色。因此，对于国产浏览器而言，拥有自己的内核技术是站上世界舞台的关键条件之一。只有通过努力实现关键的核心技术的自主可控，我们才能抓住历史性的机遇，有效支撑中国成为科技强国的宏伟目标。读者应关注中国科技发展现状，树立远大的理想和志向，为实现中国智造添砖加瓦。

> **注意：** 本书涉及的案例全部在 Chrome 浏览器中运行。根据市场调查机构 Statcounter 公布的报告，2024 年 2 月，谷歌 Chrome 浏览器以 65.38%的市场份额稳居全球浏览器份额首位，苹果 Safari 浏览器以 18.31%的市场份额位居第二，微软 Edge 浏览器以 5.07%的市场份额位居第三。

1.4.3　开发者工具

在Web前端开发过程中，可以通过查看优秀网站的源码，学习优秀的网站是如何实现的，例如使用了哪些HTML标签和CSS样式等。

1. 查看源文件

打开浏览器，在网页的任意位置右击，在弹出的快捷菜单中选择"查看网页源码"命令，或直接使用快捷键Ctrl+U，即可看到该网页的源文件，如图1-11所示。

```
11  <!doctype html>
12  <html>
13  <head>
14      <title>全国征兵网</title>
15      <meta name="keywords" content="全国征兵网,征兵,兵役登记,征兵报名,男兵报名,女兵报名,招收军士,参军入伍" />
16      <meta name="description" content="全国征兵网是全国征兵报名唯一官方网站。年满18岁男性青年应参加网上兵役登记;
17      <meta http-equiv="x-dns-prefetch-control" content="on">
18      <link rel="dns-prefetch" href="//t1.chei.com.cn">
19      <link rel="dns-prefetch" href="//t2.chei.com.cn">
20      <link rel="dns-prefetch" href="//t3.chei.com.cn">
21      <link rel="dns-prefetch" href="//t4.chei.com.cn">
22      <link rel="dns-prefetch" href="//www.google-analytics.com">
23      <link href='https://t1.chei.com.cn/common/zbbm/favicon.ico' rel="shortcut icon">
24      <link rel="stylesheet" href='https://t4.chei.com.cn/common/zbbm/css/base/grid980_14col.css' />
25      <link rel="stylesheet" href='https://t3.chei.com.cn/common/zbbm/css/base/layout.css?20220223' />
26      <link rel="stylesheet" href='https://t1.chei.com.cn/common/zbbm/css/custom/index.css?20220120' />
```

图 1-11　"全国征兵网"网页源码示例

2. 开发者工具

当想要查看某个区域的代码时，如果直接使用查看源文件的方式，需要自己分析代码，因此速度较慢，此时可以使用开发者工具。

浏览器中的开发者工具是开发者在进行网页设计和开发时的重要辅助工具，它提供了许多强大的功能，如元素检查、网络分析、性能调试等。

1）打开开发者工具

在大多数浏览器中，可以通过按F12键或右击页面上的任何元素并在弹出的快捷菜单中选择"检查"命令来打开开发者工具。另一种方式是在浏览器的菜单栏中找到"工具"或"开发者工具"选项并单击。

2）使用元素面板

在开发者工具中，元素面板允许查看和编辑网页的HTML和CSS，可以自由地操作DOM和CSS来迭代布局和设计页面。通过单击元素面板中的元素，可以在右侧的样式区域查看和编辑该元素的样式，如图1-12所示，在选项卡"Elements"的左侧查看HTML代码，右侧查看对应的CSS代码。这对于理解和调试网页的结构和功能非常有帮助。

3）使用控制台面板

控制台面板用于显示JavaScript错误和调试信息。开发者可以在这里执行JavaScript代码，测试功能，或者查看网页的运行日志。

4）进行网络分析

网络面板可以查看网页加载的所有资源，包括HTML、CSS、JavaScript文件、图片等。开发者可以分析这些资源的加载时间、大小、来源等，从而优化网页的加载性能。

图 1-12   开发者工具

5）进行性能调试

性能面板可以分析网页的运行性能，包括CPU使用情况、内存占用、渲染时间等。通过性能调试，可以找出网页运行缓慢的原因，并进行相应的优化。

💡 **注意：** 在使用互联网上提供的资源时，注意不得侵犯他人的知识产权。可以参考别人的设计方法和技术，但是不要直接使用他人拥有知识产权的内容。只有每一个人都尊重他人的劳动成果，互联网的发展才会更健康。

1.4.4　人工智能辅助编程工具

人工智能辅助编程工具是一种利用人工智能技术来帮助程序员更高效地编写和维护代码的工具。这些工具使用机器学习算法来分析代码库，学习编程模式和偏好，并自动完成编程任务，从而减少程序员的工作量和错误。

具体来说，人工智能辅助编程工具可以提供智能化的辅助功能，例如代码补全、错误提示和建议等。它们基于大数据和机器学习技术，能够分析代码结构和上下文，快速提供帮助和建议，帮助开发人员更快地解决问题和做出决策。它们可以检测出常见的编程错误、优化瓶颈和安全漏洞等，帮助开发人员提升代码的质量和稳定性。此外，人工智能辅助编程工具支持多种编程语言，无论是开发Web应用、移动应用还是进行数据分析和机器学习，都可以找到相应的工具来提高开发效率和质量。

GitHub Copilot、通义灵码、Baidu Comate等均是人工智能辅助编程的工具，它们为开发者提供行级和函数级代码续写、单元测试生成、代码注释生成、研发智能问答等能力，有助于高质高效地完成编码工作。在VSCode插件市场直接安装上述插件，即可开启智能编码之旅。

以通义灵码为例，在VSCode中安装通义灵码的步骤如下：

步骤01 在 VSCode 的左侧边栏中单击"扩展"按钮，搜索通义灵码（TONGYI Lingma），在搜索结果中找到通义灵码后单击"安装"按钮，如图 1-13 所示。

步骤02 重启 VSCode，成功后登录阿里云账号，即可开启智能编码之旅，如图 1-14 所示。

图 1-13　搜索安装通义灵码

图 1-14　通义灵码界面

> **注意：** 利用人工智能辅助编程，不仅可以提高编程效率，还可以探索新的编程方法和思路，从而推动科技创新。
> 安装 TONGYI Lingma 插件时，要求 VSCode 是 1.54.2 及以上版本。

1.5　网站设计与开发流程

　　网站设计与开发流程是指在开发一个网站的过程中，按照一定的步骤和方法进行设计和开发的过程。该流程一般分为需求分析阶段、策划阶段、设计阶段、开发阶段、测试与上线阶段和运营与维护阶段，下面将详细介绍这 6 个阶段。

1. 需求分析阶段

　　在这个阶段，需要与客户充分沟通，了解客户的需求和目标。通过与客户的交流，可以确定网站的功能、内容和设计风格等要求。同时，在该阶段也需要进行市场调研，分析竞争对手的网站，了解行业的发展趋势。

2. 策划阶段

在策划阶段，需要制定网站的整体结构和功能模块。根据需求分析的结果，确定网站的导航栏、页面布局、用户交互方式等。同时，还需要制定网站的内容策略和推广计划，确保网站能够吸引用户并提供有价值的内容。

3. 设计阶段

在设计阶段，需要通过Sketch、Axure等工具进行网站的原型图、效果图设计，如前面图1-1左图所示。首先，进行网站的整体风格设计，确定网站的色彩、字体和图标等元素；然后，根据网站的结构和功能模块，进行页面的设计，包括页面布局、图片和文字的排版等。在设计过程中，需要考虑用户体验和界面的易用性，确保用户能够方便地浏览和使用网站。

4. 开发阶段

在开发阶段，需要根据设计阶段的设计稿进行网站的编码和开发。首先，进行前端开发，包括HTML、CSS和JavaScript等技术的应用，通过编写代码，实现页面的布局和交互效果。然后，进行后端开发，包括数据库的设计和服务器端的编程，通过编写代码，实现网站的功能和数据管理。在开发过程中，需要进行测试和调试，确保网站的稳定性和安全性。

5. 测试与上线阶段

在测试与上线阶段，需要对网站进行全面的测试，包括功能测试、兼容性测试和性能测试等。通过测试，发现和修复网站中的问题和bug。然后将网站部署到服务器上，进行上线运营。在上线之前，还需要进行备份和安全性检查，确保网站的可靠性和稳定性。

6. 运营与维护阶段

在网站上线后，需要进行持续的运营和维护工作，包括更新网站的内容、优化网站的性能和安全性、监测网站的访问量和用户行为等。通过不断地对网站进行优化和改进，提升网站的用户体验和效果。

总之，网站设计与开发流程包括需求分析、策划、设计、开发、测试与上线、运营与维护等多个阶段，每个阶段都需要进行详细的规划和实施，确保网站能够满足客户的需求并提供良好的用户体验。同时，需要不断地对网站进行优化和改进，以适应市场的变化和用户的需求。

1.6　实战案例：网页显示"社会主义核心价值观"

2013年12月23日，中共中央办公厅印发了《关于培育和践行社会主义核心价值观的意见》，并要求各地区结合实际认真贯彻执行。社会主义核心价值观的基本内容是富强、民主、文明、和谐、自由、平等、公正、法治、爱国、敬业、诚信、友善。其中，富强、民主、文明、和谐是国家层面的价值目标，自由、平等、公正、法治是社会层面的价值取向，爱国、敬业、诚信、友善是公民个人层面的价值准则。

1. 案例呈现

本节实现一个网页，显示"社会主义核心价值观"内容，如图1-15所示。

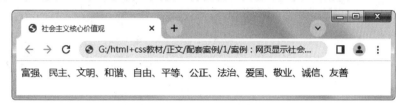

图 1-15　网页效果

2. 案例分析

首先打开VSCode编辑器，新建一个HTML5网页。除了VSCode自动生成的HTML代码外，将要显示的社会主义核心价值观文本内容写在<body></body>标签对中即可。本网页没有使用CSS和JavaScript。

3. 案例实现

经过以上分析，本案例的完整HTML代码如下：

```
01  <!DOCTYPE html>
02  <html lang="en">
03  <head>
04      <meta charset="UTF-8">
05      <title>社会主义核心价值观</title>
06  </head>
07  <body>
08      富强、民主、文明、和谐、自由、平等、公正、法治、爱国、敬业、诚信、友善
09  </body>
10  </html>
```

1.7　本 章 小 结

本章首先介绍了Web前端开发是做什么的，然后介绍了Web前端开发的技术与工具，接着介绍了网站设计与开发流程，最后通过一个展示"社会主义核心价值观"内容的网页，讲解了编辑器的基本用法。本章可使读者初步了解Web前端开发，为后续章节的学习奠定基础。

第2章

HTML5 基础

超文本标记语言是制作网页的基础。它使用一系列标签描述网页的内容和结构，为网页的呈现和交互提供了基础。HTML5是目前最新的版本，本章将介绍HTML5的语法基础和网页中常用的标签。

本章学习目标

- 掌握 HTML 文档结构，能够书写规范的 HTML 结构。
- 掌握 HTML 常用标签，能够合理地使用它们定义网页元素。
- 了解 HTML 编码规范，能够书写具有良好风格的代码。

2.1　HTML5 语法基础

HTML5是当前网络开发中广泛使用的一个HTML标准版本，它引入了许多新的元素和API，旨在支持现代的互联网应用和提高页面的语义性。本节主要介绍HTML5的语法基础。

2.1.1　HTML 文档结构

无论网页多么复杂，其HTML文档基本结构都是一样的。一个完整的HTML文档主要包含<!DOCTYPE>、<html>、<head>和<body>，如例2-1所示。

【例 2-1】HTML 文档基本结构

```
01   <!DOCTYPE html>
02   <html>
03   <head>
```

```
04        <meta charset="UTF-8">
05        <title>Document</title>
06    </head>
07    <body>
08    </body>
09    </html>
```

下面依次介绍各个标签的作用。

1. <!DOCTYPE>文档类型声明

DOCTYPE是document type的缩写，它不是HTML标签，也没有结束标签，是标记语言的文档类型声明，即告诉浏览器当前HTML是用什么版本编写的。如果页面上添加了DOCTYPE，就等同于开启了标准模式，浏览器就会按照W3C的标准去渲染页面。DOCTYPE的声明必须写在HTML文档的第一行。

2. <html></html>定义了文档的开始和结束

<html></html>限定了文档的开始点和结束点，从<html>开始，中间可以放入其他的标签，以</html>结束，即<html></html>中间的内容是一个HTML文档，也就是网页。<html>也被称为根标签。

3. <head></head>设置网页文档的头部信息

<head></head>用来定义文档的头部，在这里面定义了文档的各种属性和信息，包括文档的标题、字符集、网页描述信息等，设置的内容不会显示在页面上，浏览者一般是看不到的。

4. <title></title>网页文档的标题

<title></title>元素包含在<head>部分中，主要有3个作用：首先，它定义了网页的标题，这个标题会显示在浏览器标签栏中，便于用户识别不同的网页，如图2-1所示；其次，当网页被添加到书签或收藏夹时，标题就是用户看到的描述；最后，它也是搜索引擎结果页面上显示的标题，对搜索引擎优化非常重要。对于搜索引擎来说，页面标题是搜索引擎识别页面内容，判断页面在不同关键词条件下的权重，从而决定页面在搜索结果中的排序位置的重要的因素之一。页面标题是用户在搜索引擎的搜索结果页面中第一眼就会看到的内容，也是用户决定是否要单击某一个搜索结果的重要判断依据。一个优秀的页面标题，可以将更多的用户从搜索引擎带到网站，从而能够为网站带来更精准的目标用户。

图 2-1　网页标题显示效果

💡 **注意：** 搜索引擎是根据用户需求与一定算法，运用特定策略从互联网检索出指定信息并反馈给用户的一门检索技术。常用的搜索引擎包括 Baidu、Bing 等。

5. <meta>定义文档元数据

<meta>包含在<head>中，用来定义文档的元数据。它提供的信息虽然用户不可见，但却是文档最基本的元信息。一般使用它来描述页面的特性，例如文档字符集、网页描述信息、关键字等内容。

<meta>共有两个属性，分别是http-equiv属性和name属性，不同的属性又有不同的参数值，这些不同的参数值就实现了不同的网页功能。下面介绍如何使用<meta>设置页面字符集、关键字和描述信息。

1）设置页面字符集

<meta>可以设置页面内容使用的字符编码，浏览器会据此来调用相应的字符编码显示页面内容。在HTML页面中，常用的字符编码是UTF-8，它涵盖了几乎所有地区的文字。示例代码如下：

```
<meta charset="UTF-8">
```

2）设置关键字

关键字是搜索引擎用于识别网页主题的词汇，应该与网页内容相关联。语法格式如下：

```
<meta name="keywords" content="这里是关键词，多个关键词用逗号分隔">
```

示例代码如下：

```
<meta name="keywords" content="全国征兵网,征兵,兵役登记,征兵报名,男兵报名,女兵报名,招收军士,参军入伍" />
```

3）设置网页描述信息

网页描述是搜索引擎显示的网页简介，在搜索结果中出现。网页描述应该简洁、准确地概括网页内容。语法格式如下：

```
<meta name="description" content="这里是网页的描述">
```

示例代码如下：

```
<meta name="description" content="全国征兵网是全国征兵报名唯一官方网站。年满18岁男性青年应参加网上兵役登记；大学生、女青年、已参加兵役登记有参军意向的其他男青年可申请参军报名。" />
```

💡 **注意：** 搜索引擎之所以能搜索到网站，是因为网页标题、描述信息及关键字起了很大的作用，因此必须做好<title>标签和<meta>标签的设置和优化。

6. <body></body>页面主体内容

<body>表示HTML网页的主体部分，该标签内的内容是用户可以看到的。所有需要在浏览器窗口中显示的内容都需要放置在<body>和</body>之间。

【例2-2】<body>标签的使用

```
01    <!DOCTYPE html>
```

```
02    <html>
03    <head>
04       <meta charset="UTF-8">
05       <title>body标签的使用</title>
06    </head>
07    <body>
08       宝剑锋从磨砺出，梅花香自苦寒来
09    </body>
10    </html>
```

例2-2的运行效果如图2-2所示。第08行代码的<body>标签中的文本内容"宝剑锋从磨砺出，梅花香自苦寒来"显示在页面中。

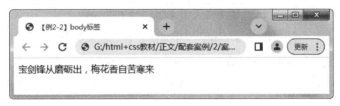

图 2-2　<body>标签的使用

2.1.2　HTML 标签语法

HTML标签是由尖括号包围的关键词，例如上面提到的<html>、<head>、<body>等。

1. 标签分类

根据标签组成特点，可以将HTML标签分成两大类，分别是双标签和单标签。

1）双标签
语法格式如下：

<标签名> 内容 </标签名>

"<标签名>"表示该标签的开始，一般称为"开始标签"；"</标签名>"表示该标签的结束，一般称为"结束标签"。和开始标签相比，结束标签只是在标签名前面加了一个关闭符"/"。开始标签和结束标签之间是修饰的内容。<html></html>、<head></head>等都属于双标签。

2）单标签
单标签也被称为"空标签"，它既不包含文本也不包含其他元素，无须单独的结束标签，只需在开始标签的">"前加一个可选的空格和必需的斜杠即可。语法格式如下：

<标签名 />

例如
、<hr/>、<img/>等。

2. 标签属性

属性总是在HTML元素的开始标签中规定，其作用是进一步控制HTML的内容，比如内容对齐方式、文字大小、颜色等。属性之间不分先后顺序，标签名与属性、属性与属性之间均以空格分

开。语法格式如下：

```
<标签名 属性1="属性值1" 属性2="属性值2" ...> 内容 </标签名>
<标签名 属性1="属性值1" 属性2="属性值2" .../>
```

例如<meta charset="UTF-8">中的"charset"就是标签的一个属性，"UTF-8"则是它的值。HTML标签全局属性详见本书3.4节。

3. 标签关系

在HTML结构中，标签与标签之间只存在两种关系：嵌套关系和并列关系。

1）嵌套关系

嵌套关系也称包含关系，可以简单理解为一个双标签里面又包含了其他标签。例如，在HTML5的文档基本格式中，<html>标签和<head>标签、<body>标签就是嵌套关系。示例代码如下：

```
<html> <head> </head> <body> </body> </html>
```

在嵌套关系的标签中，我们通常把最外层的标签称为"父级标签（父标签）"，里面的标签称为"子级标签（子元素）"。只有双标签才能作为父级标签。

2）并列关系

并列关系也称兄弟关系，就是两个标签处于同一级别，没有包含关系。例如，在HTML5的文档基本格式中，<head>标签和<body>标签有一个共同的父级标签<html>，它们就是并列关系。

💡 **注意：** 在 HTML 编码中，虽然标签不区分大小写，但为了建立良好的编码习惯，推荐使用小写来书写标签名、属性名及大部分属性值。良好的编码规范不仅有助于团队成员之间的有效协作，还能确保代码的一致性和可维护性。

另一方面，"防御型编程"——一种只有编写者自己能理解的编程风格，从长远和职业道德的角度来看，充满了风险和问题。这种做法损害了代码的可读性和可维护性。良好的代码应当是清晰、可读和易于维护的。复杂且难以维护的代码不仅对项目的未来构成潜在威胁，还可能损害开发者的职业声誉。此外，从团队和项目管理的角度来看，防御性编程可能导致代码交接和维护变得异常困难，甚至可能导致丢失重要信息。更为严重的是，如果这种编程方式被广泛采用，它可能威胁到整个技术生态的健康发展。

由于篇幅限制，后文示例代码仅保留<style></style>和<body></body>标签中的关键内容，详细代码可查看随书电子资源。

2.1.3 HTML 注释

注释是HTML中的一种特殊标记，用于在HTML代码中添加额外的信息和解释。这些注释对于开发人员来说非常重要，因为它们可以提高代码的可读性和维护性。HTML注释的内容不会在浏览器中显示，只有在查看源码时才能看到。HTML注释在编写和维护网页代码时具有以下好处：

（1）代码可读性：注释可以提高代码的可读性，使其他开发者能够更容易地理解代码的功能和目的。对于复杂的代码块或特定的实现方式，注释可以提供必要的解释和说明。

（2）团队协作：在团队项目中，每个成员可能负责不同的代码部分。通过添加注释，成员之间可以更容易地交流和协作，减少因代码理解不当而引起的错误。

（3）代码维护：随着时间的推移，项目的需求可能会发生变化，代码也可能需要进行修改或扩展。注释可以帮助代码维护者更快地定位和理解特定代码段的功能和用途，从而更有效地进行代码的修改和更新。

（4）调试和错误排查：当代码出现问题时，注释可以帮助开发者更快地定位问题的源头。通过在关键部分添加注释，开发者可以记录他们的思考过程、尝试的解决方案以及遇到的困难，这对于后续的调试和错误排查非常有帮助。

注释的语法格式如下：

```
<!-- 注释的内容 -->
```

注释一般位于要注释代码的上面，单独占一行。在VSCode中使用快捷键Ctrl+/即可添加注释。

2.2 文本控制标签

HTML的文本控制标签主要用于格式化文本的显示，常用的文本控制标签有标题标签、段落标签、换行标签、文本格式化标签、特殊字符等。本节将详细介绍常用的文本控制标签。

2.2.1 标题标签

标题是通过<h1>～<h6>等标签进行定义的，它们呈现了6个不同级别的标题，<h1>级别最高，而<h6>级别最低。语法格式如下：

```
<hn>标题字</hn>
```

其中n表示标题的级别，取值为1~6。

【例 2-3】标题标签

```
01    <body>
02        <h1>一级标题</h1>
03        <h2>二级标题</h2>
04        <h3>三级标题</h3>
05        <h4>四级标题</h4>
06        <h5>五级标题</h5>
07        <h6>六级标题</h6>
08    </body>
```

例2-3展示了所有可用的标题级别，运行效果如图2-3所示，级别越高的标题标签，其字体越粗，字号越大。此外，浏览器会自动地在标题的前后添加空行。

一级标题

二级标题

三级标题

四级标题

五级标题

六级标题

图 2-3 标题标签效果

💡 **注意：** 请确保标题标签只用于标题，不要仅为了产生粗体或大号的文本而使用标题标签。

避免跳过某级标题：始终要从<h1>开始，接下来依次使用<h2>～<h6>。

一个页面最好只有一个 h1 标签，而标签里面的内容最好就是网页的中心主题，或者是包含想要优化的关键词的标题。如果一个页面使用过多的 h1 标签，就会分散搜索引擎对这个页面关键词的注意力，从而对提升关键词排名产生负作用。

对于标题文字对齐方式，不推荐使用属性 align，请使用 CSS 设置。

2.2.2　段落标签

段落是通过<p>标签定义的，语法格式如下：

```
<p>段落</p>
```

【例2-4】段落标签

```
01    <body>
02        <h1>八荣八耻</h1>
03        <p>以热爱祖国为荣，以危害祖国为耻；以服务人民为荣，以背离人民为耻；</p>
04        <p>以崇尚科学为荣，以愚昧无知为耻；以辛勤劳动为荣，以好逸恶劳为耻；</p>
05        <p>以团结互助为荣，以损人利己为耻；以诚实守信为荣，以见利忘义为耻；</p>
06        <p>以遵纪守法为荣，以违法乱纪为耻；以艰苦奋斗为荣，以骄奢淫逸为耻。</p>
07    </body>
```

例2-4的运行效果如图2-4所示。由图可知，浏览器会自动地在段落的前后添加空行。

图 2-4　段落标签效果

💡 **注意：** 使用空的段落标记<p></p>去插入一个空行是个坏习惯。

对于段落对齐方式，不推荐使用属性 align，请使用 CSS 设置。

默认情况下，一个段落中的文本会根据浏览器窗口的大小自动换行。

2.2.3　换行标签

换行标签是单标签，可以在不产生一个新段落的情况下进行换行。语法格式如下：

```
<br />
```

【例 2-5】换行标签

```
01  <body>
02      <h1>夏日绝句</h1>
03      <h2>宋·李清照</h2>
04      <p>生当作人杰，死亦为鬼雄。<br /> 至今思项羽，不肯过江东。</p>
05  </body>
```

例2-5的运行效果如图2-5所示。与例2-4相比，例2-5的第04行代码使用
实现强制换行。

图 2-5　换行效果

注意：在 XHTML、XML 以及未来的 HTML 版本中，不允许使用没有结束标签（闭合标签）的 HTML 元素。即使
在所有浏览器中的显示都没有问题，使用
也是更长远的保障。

另外，
标签虽然可以实现换行效果，但它并不能取代结构标签<p>、<h1>等。

2.2.4　文本格式化标签

在网页上添加文本后，可以通过特定的文本格式化标签对文本设置各种效果，例如为文本设置增大、缩小、加粗、下画线等效果，使文字以特殊的方式显示。常用的文本格式化标签如下：

- <b></b>和<strong></strong>：文字以粗体方式显示。
- <u></u>和<ins></ins>：文字以加下画线的方式显示。
- <i></i>和<em></em>：文字以斜体方式显示。
- <s></s>和<del></del>：文字以加删除线的方式显示。

在HTML中，显示相同的文本效果可以通过多种不同的文本格式化标签实现。然而，使用语义正确的标签不仅能更好地表达内容的含义，还有助于搜索引擎优化和提升网页的可访问性。因此，在HTML5中建议使用<strong>标签、<ins>标签、<em>标签和<del>标签。

【例 2-6】文本格式化标签

```
01  <body>
02      <p>你要写<strong>中国</strong>，就不能只写中国</p>
03      <p>你要写<em>千里神州，万家灯火</em></p>
04      <p>你要写<em>五岳雄奇，江河磅礴</em></p>
05      <p>你要写<em>秦汉的厚重，唐宋的巍峨</em></p>
06      <p><ins>五千年的漫长，九百六十万平方公里的辽阔</ins></p>
07      <p>你要写心的炙热，爱的清澈</p>
```

```
08        <p><ins>你要写那觉醒年代的光，涅槃重生的火</ins></p>
09        <p>你要写两岸飘香的稻花，清晨放飞的白鸽</p>
10        <p>你要写愿以寸心寄华夏，且将岁月赠山河</p>
11        <p><strong>这才是，我们的中国</strong></p>
12    </body>
```

例2-6使用了文本格式化标签，使文字产生特殊的显示效果，如图2-6所示。

图 2-6　文本格式化标签效果

> 💡 **注意：** <b>的作用只是加粗文字，而<strong>除了可以加粗文字，还有强调的意思，语义更强烈，更容易吸引搜索引擎。另外，当盲人使用阅读设备阅读网页时，<strong>标签内的文字会着重朗读。
> <i>的作用只是倾斜文字，<em>除了可以倾斜文字，还有强调的意思，但语气没有<strong>强烈。

2.2.5　特殊字符

有些字符在HTML里有特殊含义，比如小于号（<）表示HTML标签的开始；还有些字符无法通过键盘输入，比如版权信息"©"。这些字符对于网页来说都属于特殊字符。要在网页中显示特殊字符，可以使用它们对应的字符实体。常用的特殊字符与对应的字符实体如表2-1所示。

表 2-1　常用的特殊字符与对应的字符实体

特殊字符	字符实体	描　　述
©	&copy;	版权符号
®	&reg;	注册符号
<	&lt;	小于号
>	&gt;	大于号
"	&quot;	引号
		空格符
™	&trade;	商标符号
¥	&yen;	人民币符号

【例 2-7】特殊字符

```
01   <body>
02     <p>
03           这是一本专业且详尽的有关&quot;前端开发&quot;的
书，其中包括&lt;body&gt;、&lt;form&gt;等常用标签的介绍。售价：&yen;99元。
04     </p>
05     <p>&copy;清华大学出版社所有</p>
06   </body>
```

第03行和第05行代码使用 "` `" "`&quot;`" "`&lt;`" "`&gt;`" "`&yen;`" "`&copy;`" 等字符实体，实现了在网页中插入空格、引号、小于号、大于号、人民币符号和版权符号等特殊字符。例2-7的运行效果如图2-7所示。

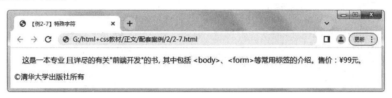

图 2-7　特殊字符效果

> 💡 **注意：** 字符实体以运算符**&**开头，以分号结尾。

2.3　图 像 标 签

在网页文档中合理地加入图像（静态的或者具有动画效果的图标、照片），会使文档变得更加生动活泼和引人入胜，而且看上去更加专业、更具信息性并易于浏览。

2.3.1　网页常用图像格式

目前网页上常用的图像格式主要有GIF、PNG、JPEG、SVG和WebP五种，具体介绍如下：

（1）GIF格式：GIF最多可使用256种色彩，最适合显示色调不连续或具有大面积单一颜色的图像。此外，GIF还可以包含透明区域和多帧动画，因此常用于卡通、导航条、Logo、带有透明区域的图形和动画等。网站中的动态图片与表情包就是这个格式。

（2）JPEG格式：JPEG格式在保持较高图像质量的同时，能够实现较高的压缩率，非常适合用于存储和传输照片等色彩丰富的图像。JPEG格式不支持透明和动画效果。

（3）PNG格式：PNG是一种无损压缩的图像格式，能够保留原始图像的所有颜色信息，并支持Alpha通道实现透明效果。PNG格式非常适合用于需要高质量且带有透明度的图像，如网页图标、Logo等。

（4）SVG格式：SVG是一种基于XML的矢量图像格式，可以任意缩放而不失真。SVG格式非常适合用于图标、图形和Logo等需要保持清晰度的场合。

（5）WebP格式：WebP是由Google开发的一种现代图像格式，旨在提供比JPEG更优越的压缩效率，同时支持有损和无损两种压缩方式。WebP还支持动画和透明，是一种性能优异的图像格式，尤其适合用来减少网页加载时间和提高用户体验。

💡 **注意：** 每种图像格式都有其优缺点和适用场景，前端开发者在选择图像格式时需要考虑图片的使用目的、颜色范围、是否需要支持透明或动画等因素，以确保网页的性能和视觉效果达到最佳平衡。网页中的小图片或网页元素（如图标、按钮等）建议使用 SVG 或 PNG 格式，色彩丰富的图片建议使用 JPEG 格式，动态图片建议使用 GIF 格式。

2.3.2 图像标签的使用

网页中的图像使用<img />标签插入，语法格式如下：

```
<img src="图像文件路径" />
```

src属性是必选属性，用于指定图像文件的路径。此时插入的是一幅原始图像，如果要修改图像默认样式，可以使用CSS或图像属性两种方式。<img />标签常用属性如表2-2所示。

表 2-2   <img />标签常用属性

属 性	描 述	属 性	描 述
src	指定图像文件路径	width	定义图像的宽度
alt	指定图像替换信息	height	定义图像的高度
title	指定图像提示信息		

【例 2-8】在网页中插入图片

```
01    <body>
02        <img src="images/01.jpg"/>
03    </body>
```

第02行代码使用<img />标签在网页中插入了一幅原始大小的图像，该图像宽为670px，高为220px。例2-8的运行效果如图2-8所示。

图 2-8   在网页中插入图片

💡 **注意：** px 是像素（Pixel）的缩写，通常用于表示数字图像中的图像尺寸或分辨率。它主要用于计算机屏幕媒体，不太适用移动设备。
装饰性的图像不建议使用<img />标签，最好通过 CSS 设置背景图像。

【例2-9】设置图片提示信息和替换信息

```
01    <body>
02        <img src="images/01.jpg" title="2023年征兵公益宣传片" alt="此处是图片无
法显示时的替换信息"/>
03    </body>
```

第02行代码使用title属性设置了图片的提示信息，当鼠标移动到图片时将弹出该信息。由于网络错误或内容被屏蔽等原因无法加载图像时，浏览器会在页面上显示alt属性中的备用文本。例2-9的运行效果如图2-9和图2-10所示。

图 2-9　提示信息

图 2-10　替换信息

注意： title 和 alt 属性通常会设置成一样。alt 属性一般需要设置，而 title 属性可选。alt 属性包含一条对图像的文本描述，这不是强制性的，但对无障碍阅读而言，屏幕阅读器会将这些描述读给视障用户听，让他们知道图像的含义。

【例 2-10】设置图片大小

```
01    <body>
02        <img src="images/01.jpg" />
03        <img src="images/01.jpg" width="335px" />
04        <img src="images/01.jpg" width="335px"  height="110px" />
05        <img src="images/01.jpg" height="110px" />
06    </body>
```

例2-10在网页中插入了4幅图片，其中，第1幅是原始图片，第2幅图片的宽度为原来的一半，第3幅图片的宽度和高度均为原来的一半，第4幅图片的高度为原来的一半，运行效果如图2-11所示。

从图2-11中可以看到，后面3幅图的大小几乎一致，由此可见，只修改宽度属性或高度属性时，另一个属性会等比例缩放。如果同时设置宽高属性，且宽高的比值与原图宽高比不一致，则显示的图像就会变形或失真。

图 2-11　设置图片大小

2.3.3　相对路径与绝对路径

在计算机查找文件时，需要明确该文件所在位置。网页中的路径分为绝对路径和相对路径两种，具体介绍如下。

1. 相对路径

相对路径是相对于当前文档的路径。相对路径没有盘符，通常以当前的HTML网页文档为参照，通过层级关系描述目标图像的位置。相对路径的设置分为以下3种：

（1）图像和 HTML 文档位于同一文件夹：设置相对路径时，只需输入图像的名称即可。例如，`<img src="logo.gif"/>`。

（2）图像位于 HTML 文档的下一级文件夹：设置相对路径时，输入文件夹名和图像名，之间用"/"隔开。例如，`<img src="images/logo.gif"/>`。

（3）图像位于 HTML 文档的上一级文件夹：设置相对路径时，在图像名之前加入"../"，如果是上两级，则需要使用"../../"，以此类推。例如，`<img src="../logo.gif"/>`。

2. 绝对路径

绝对路径是网页上的文档或目录在磁盘（即C盘、D盘等）中的真正路径，例如"D:\案例源码\chapter02\images\bannerl.jpg"就是一个盘符中的绝对路径，再如完整的网络地址"https://服务器地址/images/share_zb.jpg"。

💡 **注意：** 网页中不推荐使用绝对路径，因为网页制作完成之后需要将所有的文档上传到服务器，所以很有可能不存在"D:\案例源码\chapter02\images\bannerl.jpg"这样一个绝对的路径，网页也就无法正常显示图像。

2.4　超链接标签

超链接是用于导航的一种基本元素，它允许用户通过单击跳转到其他页面或资源。它可以是一个字、一个词或者一组词，也可以是一幅图像，单击这些内容就可以跳转到新的文档或者当前文档中的某个部分。创建超链接要使用<a>标签，语法格式如下：

```
<a href="链接路径">文本或图像</a>
```

其中，href属性是必选属性，用于指定链接的路径。<a>标签常用属性如下：

- href：指定链接路径。
- target：定义目标窗口。
- title：定义链接提示信息。

链接路径取值可以是绝对路径、相对路径和书签（锚点）等。href常用属性值如下：

- url：跳转到指定页面。
- #：跳转到指定位置。
- JavaScript：执行脚本。

target属性规定在何处打开链接，其常用属性值如下：

- _blank：在一个新打开的窗口中载入文档。
- _self：在相同的框架或者窗口中载入文档（默认值）。
- _parent：在上一级窗口中打开。
- _top：在浏览器整个窗口中打开。

下面分别介绍不同类型的超链接。

2.4.1　文本链接

文本链接是指源端点为文本的链接。

【例 2-11】文本链接

```
01    <body>
02       <a href="https://www.gfbzb.gov.cn/" target="_blank">全国征兵网</a>
03    </body>
```

第02行代码设置了href属性的值是绝对路径，target属性的值代表在新窗口中打开链接。例2-11的运行效果如图2-12所示。单击文本链接"全国征兵网"，将在新窗口中打开链接的页面，效果如图2-13所示。

💡 **注意：** 文本链接会自动添加下画线，当把鼠标指针移动到网页中的某个链接上时，指针形状会从箭头变为一只小手。这都是超链接的默认样式，可以使用 CSS 修改。

图 2-12   文本链接 　　　　　　　　　　　　　　图 2-13   打开的链接页面

2.4.2   图像链接

图像链接是指源端点为图像文件的链接。

【例 2-12】图像链接

```
01    <body>
02        <a href="https://www.gfbzb.gov.cn/" target="_self"><img
src="images/02.jpg" alt="全国征兵网"></a>
03    </body>
```

第02行代码设置了href属性的值是绝对路径，target属性的值代表在当前窗口中打开链接。例2-12的运行效果如图2-14所示。单击图像文件，将在本窗口打开链接的页面，效果如图2-13所示。

图 2-14   图像链接

2.4.3   书签（锚点）链接

<a>标签除了可以实现在页面之间跳转外，还可以实现在页面的不同位置之间跳转。这样的链接称为书签链接或锚点链接。最常见的书签链接就是电商页面的"返回顶部"链接，当页面滑到最底层时，单击"返回顶部"，页面就会滑到最顶层。

创建书签链接包括以下两个步骤：

1. 创建书签

在HTML5中直接使用id属性创建书签，即id属性值就是书签名。为了唯一标识每一个元素，每个id属性值在页面中必须唯一（id属性详见本书第3.1节）。示例代码如下：

```
<p id="first"></p>
```

2. 创建链接

内部书签链接只能链接到同一页面的其他位置。例如，页面中有一个<a>标签，单击它跳转到同页面中id属性值为first的元素所在的位置，示例代码如下：

```
<a href="#first"> </a>
```

外部书签链接可以链接到其他页面。例如，在1.html中有一个<a>标签，单击它跳转到同目录下的2.html中的top书签所在的位置，示例代码如下：

```
<a href="2.html#top"></a>
```

【例2-13】书签链接

```
01    <body>
02        <h1>国之重器：中国都有哪些大国重器？与您解析</h1>
03        <h2><a href="#first">1.商用大飞机</a></h2>
04        <h2><a href="#second">2.大型常规航母</a></h2>
05        <h2><a href="#third">3.南海海上平台</a></h2>
06        <h2><a href="#fourth">4.舰用重型燃气轮机</a></h2>
07        <h2><a href="#fifth">5.高超音速武器</a></h2>
08        <h2><a href="#sixth">6.新一代潜射洲际导弹</a></h2>
09        <h2><a href="#seventh">7.中国的人造太阳</a></h2>
10        <img src="images/03.webp" alt="C919大型商用客机">
11        <p id="first">
12            C919是我国自主研发的首架大型商用客机，<strong>打破了西方民航巨头对商用大
飞机的垄断</strong>，也弥补了当年运10下马的遗憾。C919对我国的意义是重大的，但面临的发展前景
也是波折的。波音和空客两大民航飞机巨头把持市场数十年，C919要想分一杯羹，除了需要过硬的技术能
力，还需要中国的国际影响力为其背书。
13        </p>
14        <img src="images/04.webp" alt="福建舰">
15        <p id="second">
16            <strong>福建舰不论是航母本身还是其搭载的舰载机，都在国际上处于一流水平
</strong>，按照我国海军的未来规划，福建舰将装备歼15、歼35、空警600、舰载型攻击11等新锐舰载
机，和美国目前最先进的舰载机阵容完全处于同一层次，战斗力极为惊人。
17        </p>
18    </body>
```

第03~09行代码每行都创建了一个书签链接，第11行和第15行代码分别创建了一个书签。当单击某个书签链接时，窗口会马上跳转到该书签所在位置，显示其内容。例2-13的运行效果如图2-15所示。单击书签链接"2.大型常规航母"，效果如图2-16所示。

图 2-15 书签链接

图 2-16 单击书签链接效果

> 💡 **注意：** 书签链接常用于在大型文档的开始位置创建目录，以便快速导航。通过为文档的每个章节设立一个书签，并将这些书签的链接放置在文档顶部，用户可以轻松跳转到感兴趣的部分。例如，百度百科就广泛采用这种导航方式，以方便用户访问各个词条。

2.4.4　其他链接

1. 文件下载链接

当链接的目标文档类型是.doc、.rar、.zip、.exe等时，用户单击链接后，浏览器会自动判断文件类型，并做出相应的处理。

【例2-14】文件下载链接

```
01    <body>
02        <p><a href="1.doc">word文档文件下载</a></p>
03        <p><a href="2.rar">压缩文件下载</a></p>
04        <p><a href="3.exe">可执行文件下载</a></p>
05    </body>
```

第02~04行代码创建了3个文件下载链接，在浏览器中单击链接即可下载相应文件。

2. 电子邮件链接

当单击一个电子邮件链接时，会开启新的邮件的发送而不是链接到一个资源或页面。电子邮件可以使用<a>元素和"mailto: URL"协议实现。示例代码如下：

```
<a href="mailto:邮件地址">发邮件</a>
```

3. 脚本链接

脚本链接是指将脚本作为链接目标，通过它可以实现HTML语言完成不了的功能。示例代码如下：

```
<a href="javascript:alert('你好,
欢迎访问! ')">欢迎</a>
```

单击"欢迎"会执行JavaScript脚本代码，弹出一个窗口，如图2-17所示。

图2-17　单击脚本链接效果

2.5　列　　表

使用列表标签可以使相关的内容以一种整齐划一的方式排列显示。根据列表排列方式的不同，可以将列表分为有序列表、无序列表、自定义列表和嵌套列表四大类。

2.5.1　有序列表

以数字或字母等可以表示顺序的符号为项目符号来排列列表项的列表，称为有序列表。语法
格式如下：

```
<ol>
    <li>列表项一</li>
    <li>列表项二</li>
    ...
</ol>
```

有序列表使用<ol>标签声明，每个列表项使用一个<li></li>标签对设置，所有列表项需要在
<ol></ol>标签对中设置。

【例 2-15】有序列表

```
01    <body>
02        <h3>2023年杭州亚运会奖牌榜</h3>
03        <ol>
04            <li>中国</li>
05            <li>日本</li>
06            <li>韩国</li>
07        </ol>
08    </body>
```

例2-15的运行效果如图2-18所示，图中显示了一个以阿拉伯数字排序的包含3个列表项的有序
列表。

图 2-18　有序列表

默认情况下，有序列表前面的符号是阿拉伯数字。修改项目符号需要使用<ol>标签的type属
性或CSS列表属性。在<ol>标签中设置type属性，项目符号可取多种值。

- 1：表示数字编号（默认值）。
- i：表示小写罗马数字编号。
- I：表示大写罗马数字编号。
- a：表示小写英文字母编号。
- A：表示大写英文字母编号。

【例 2-16】设置有序列表项目符号

```
01    <body>
```

```
02        <h3>文明用餐</h3>
03        <ol>
04            <li>创建节约型社会，从珍惜粮食开始。</li>
05            <li>节约用水一点一滴，珍惜粮食一颗一粒。</li>
06            <li>光盘在行动，节约在心中。</li>
07        </ol>
08        <ol type="I">
09            <li>创建节约型社会，从珍惜粮食开始。</li>
10            <li>节约用水一点一滴，珍惜粮食一颗一粒。</li>
11            <li>光盘在行动，节约在心中。</li>
12        </ol>
13        <ol type="a">
14            <li>创建节约型社会，从珍惜粮食开始。</li>
15            <li>节约用水一点一滴，珍惜粮食一颗一粒。</li>
16            <li>光盘在行动，节约在心中。</li>
17        </ol>
18    </body>
```

例2-16创建了3个有序列表，其中第一个<ol>标签中没有设置type属性，因此项目符号使用了默认的阿拉伯数字；第二个<ol>标签中设置type属性值为"I"，因此项目符号使用了大写的罗马数字；第三个<ol>标签中设置type属性值为"a"，因此项目符号使用了小写字母，运行效果如图2-19所示。

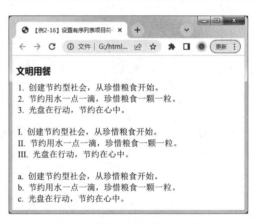

图2-19　设置有序列表项目符号

2.5.2　无序列表

以无次序含义的符号为项目符号来排列列表项的列表，称为无序列表。图2-20所示的效果使用了无序列表。

无序列表的语法格式如下：

```
<ul>
    <li>列表项一</li>
    <li>列表项二</li>
    ...
</ul>
```

无序列表使用<ul>标签声明，每个列表项使用一个<li></li>标签对声明，所有列表项需要在<ul></ul>标签对中设置。

图2-20　无序列表

【例2-17】无序列表

```
01    <body>
02        <h3>中国古代四大发明</h3>
```

```
03      <ul>
04          <li>造纸术</li>
05          <li>火药</li>
06          <li>印刷术</li>
07          <li>指南针</li>
08      </ul>
09  </body>
```

例2-17的运行效果如图2-21所示，图中显示了一个以实心圆点为项目符号的包含4个列表项的无序列表。

图 2-21　无序列表

默认情况下，无序列表前面的符号是实心圆点。修改项目符号可以使用<ul>标签的type属性或CSS列表属性。在<ul>标签中设置type属性，项目符号可取多种值。

- disc：实心圆（默认值）。
- circle：空心圆。
- square：实心方块。

【例 2-18】设置无序列表项目符号

```
01  <body>
02      <h3>中国遥遥领先的技术领域</h3>
03      <ul type="circle">
04          <li>航天技术</li>
05          <li>高铁技术</li>
06          <li>5G通信技术</li>
07          <li>移动支付技术</li>
08          <li>超级计算机技术</li>
09      </ul>
10  </body>
```

例2-18创建了1个无序列表，在<ul>标签中设置type属性值为"circle"，因此项目符号使用了空心圆点，运行效果如图2-22所示。

💡 注意：<ol>和<ul>标签都表示列表；区别在于：<ol>中的列表项的顺序是有意义的，例如名次、位次、烹饪食谱中的各个步骤等；而<ul>中的列表项的顺序无意义。

不建议使用 type 属性设置列表项目符号。实际开发中，一般都是通过 CSS 使用设计好的图片来作为项目符号，详见"6.5　CSS 列表样式"。

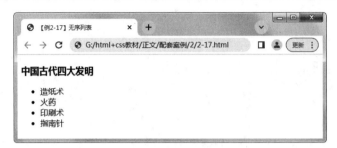

图 2-22　设置无序列表项目符号

2.5.3　定义列表

定义列表用于对名词进行描述说明，是一种具有两个层次的列表，其中名词为第一层次，解释为第二层次。定义列表的列表项前没有项目符号，解释相对于名词有一定位置的缩进。图2-23所示的购物网站常见页面效果就是一个定义列表。

创建定义列表需要使用<dl>、<dt>、<dd>3种标签，其中<dl>标签定义了定义列表，<dt>标签定义了定义列表中的项目，<dd>标签定义了列表中定义条目的定义部分。语法格式如下：

图 2-23　定义列表

```
<dl>
    <dt>名词一</dt>
    <dd>解释1</dd>
    <dd>解释2/dd>
    ...
    <dt>名词二</dt>
    <dd>解释1</dd>
    <dd>解释2/dd>
    ...
    ...
</dl>
```

【例 2-19】定义列表

```
01    <body>
02        <dl>
03            <dt>选购指南</dt>
04            <dd>手机</dd>
05            <dd>电视</dd>
06            <dd>笔记本电脑</dd>
07            <dd>平板</dd>
08        </dl>
09    </body>
```

例2-19创建了1个定义列表，运行效果如图2-24所示。

图 2-24　定义列表

2.5.4　嵌套列表

嵌套列表是指在一个列表项的定义中包含了另一个列表的定义。

【例 2-20】嵌套列表

```
01  <body>
02      <h4>购物导航</h4>
03      <ul>
04          <li>电脑
05              <ul>
06                  <li>整机
07                      <ol>
08                          <li>台式机</li>
09                          <li>笔记本电脑</li>
10                          <li>一体机</li>
11                      </ol>
12                  </li>
13                  <li>配件</li>
14                  <li>外设</li>
15              </ul>
16          </li>
17          <li>办公</li>
18          <li>家电</li>
19          <li>数码</li>
20      </ul>
21  </body>
```

例 2-20 创建了 1 个嵌套列表，外层是 4 个无序列表项，其中第一个列表项嵌套了另一个无序列表，运行效果如图 2-25 所示。

图 2-25　嵌套列表

2.6　表　格

表格由包含数据的行和列组成，用于展示结构化数据。图2-26所示是网页中的一种表格展示效果。

赛事编号	联赛	主队 vs 客队	比赛开始时间	比赛资讯	开售状态	胜平负	让球胜平负	比分	总进球数	半全场胜平负
周一赛事 [共4场比赛]　隐藏										
周一001	国际赛	中国 VS 乌兹别克斯坦	2023-10-16 19:35	析讯	已开售	● ●	单	单	单
周一002	欧预赛	波黑 VS 葡萄牙	2023-10-17 02:45	析讯	已开售	● ●	单	单	单
周一003	欧预赛	比利时 VS 瑞典	2023-10-17 02:45	析讯	已开售	单 ●	单	单	单
周一004	欧预赛	希腊 VS 荷兰	2023-10-17 02:45	析讯	已开售	● ●	单	单	单

图 2-26　表格示例

2.6.1　表格结构

一个标准的表格包含标题、表头、行、单元格、页眉、主体和页脚。表2-3列出了这些表格对象对应的标签。

表 2-3　表格标签

标　签	描　述	标　签	描　述
\<table\>	定义表格	\<td\>	定义表格的单元格
\<caption\>	定义表格标题	\<thead\>	定义表格的页眉
\<th\>	定义表格的表头	\<tbody\>	定义表格的主体
\<tr\>	定义表格的行	\<tfoot\>	定义表格的页脚

标准的表格结构如下：

```
01  <table>
02    <caption>表格标题</caption>
03    <thead>
04     <tr>
05         <th>表头1</th><th>表头2</th>...
06     </tr>
07    </thead>
08    <tbody>
09     <tr>
10         <td>单元格1</td><td>单元格2</td>...
11     </tr>
12       ...
13    </tbody>
14     ...
15    <tfoot>
16     <tr>
17         <td>单元格1</td><td>单元格2</td>...
18     </tr>
```

```
19          </tfoot>
20      </table>
```

在实际应用中，一般不会把表格的所有组成部分都包括在内。实际上，除了行、单元格之外，其他组成部分都是可选的。只包含行和单元格的表格结构最简单，也是最常用的，如下所示。

```
01  <table>
02      <tr>
03          <th>表头1</th><th>表头2</th>...
04      </tr>
05      <tr>
06          <td>单元格1</td><td>单元格2</td>...
07      </tr>
08          ...
09  </table>
```

2.6.2　表格标签

1. <table>标签

<table>标签用于定义HTML表格，其常用的属性如下：

● border：规定表格边框的宽度。
● width：规定表格的宽度。
● height：规定表格的高度。
● cellpadding：规定单元边框与其内容之间的空白。
● cellspacing：规定单元格之间的空白。

💡 **注意：** 在 HTML5 中，align、border、bgcolor、width、height、cellpadding 、cellspacing 等属性都已不再推荐使用，请使用 CSS 格式化表格，详见第 6 章。

2. <tr>标签

<tr>标签用于定义HTML表格中的行，它包含一个或多个表头或单元格。

3. <td>标签和<th>标签

表格中的内容必须放到单元格中。<td>标签用于定义HTML表格中的标准单元格。<th>标签用于定义表格内的表头单元格。表头单元格内部的文本通常会呈现为居中的粗体文本，而标准单元格内的文本通常是左对齐的普通文本。标准单元格中可以存放任何数据，包括文本、图片、列表、段落、表格等内容。

【例 2-21】表格基本结构

```
01  <body>
02      <table>
03          <tr>
04              <th>表头第1单元格数据</th>
```

```
05                <th>表头第2单元格数据</th>
06                <th>表头第3单元格数据</th>
07           </tr>
08           <tr>
09                <td>第1行第1单元格数据</td>
10                <td>第1行第2单元格数据</td>
11                <td>第1行第3单元格数据</td>
12           </tr>
13           <tr>
14                <td>第2行第1单元格数据</td>
15                <td>第2行第2单元格数据</td>
16                <td>第2行第3单元格数据</td>
17           </tr>
18      </table>
19 </body>
```

例2-21创建了1个简单的表格，运行结果如图2-27所示。从图中可知，默认情况下表格没有边框，宽度和高度依靠表格里的内容来撑开。

图 2-27   表格基本结构

默认情况下，表格每行的单元格数量都是一样的。由于制表的需要，表格每行或列的单元格数量会不一致，这时就需要执行单元格的合并操作，包括合并行和合并列两种。单元格常用的属性如下：

● colspan：设置单元格可横跨的列数。
● rowspan：规定单元格可横跨的行数。

【例 2-22】合并单元格

```
01 <body>
02      <table border="1">
03           <tr>
04                <th colspan="5" align="center">简历表</th>
05           </tr>
06           <tr>
07                <td>姓名</td>
08                <td></td>
09                <td>民族</td>
10                <td></td>
11                <td rowspan="3">照片</td>
12           </tr>
13           <tr>
14                <td>籍贯</td>
```

```
15              <td></td>
16              <td>身高</td>
17              <td></td>
18          </tr>
19          <tr>
20              <td>联系电话</td>
21              <td></td>
22              <td>QQ号码</td>
23              <td></td>
24          </tr>
25          <tr>
26              <td>目前所在地</td>
27              <td colspan="4"></td>
28          </tr>
29      </table>
30  </body>
```

例2-22定义了一个5行5列的表格。第04行代码使用colspan属性设置表头单元格的内容"简历表"横跨5列，第11行代码使用rowspan属性设置"照片"单元格横跨3行，第27行代码使用colspan属性设置"目前所在地"单元格横跨4列。本例运行效果如图2-28所示。

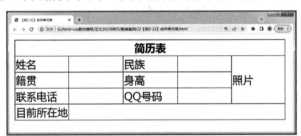

图 2-28　合并单元格

注意：使用 CSS 格式化简历表，详见 "6.3　CSS 表格样式"。

4. <caption>标签

<caption>标签用于定义表格标题。<caption>标签必须紧跟<table>标签。只能对每个表格定义一个标题，通常这个标题会居中显示在表格之上。

5. <thead>、<tbody>以及<tfoot>标签

<thead>、<tbody>以及<tfoot>标签用于对表格中的行进行分组。一般把表头放在<thead></thead>之间，而单元格则放在一个或多个<tbody></tbody>之间，对于汇总之类的脚注内容则放在<tfoot></tfoot>之间。一个表格只能有一个<thead>和<tfoot>，但可以有多个<tbody>。

【例 2-23】使用<thead>、<tbody>和<tfoot>标签

```
01  <body>
02    <table border="1">
03      <caption>基金数据</caption>
04        <thead>
```

```
05              <tr>
06                  <th>序号</th>
07                  <th>基金简称</th>
08                  <th colspan="2">
09                      2024-06-12
10                      <br />
11                      单位净值|累计净值</th>
12                  <th>日增长率<img src="up.jpg" alt=""></th>
13                  <th>操作</th>
14              </tr>
15          </thead>
16          <tbody>
17              <tr>
18                  <td>1</td>
19                  <td>***股票A</td>
20                  <td>0.6023</td>
21                  <td>0.6025</td>
22                  <td>3.65%</td>
23                  <td><a href="#">查看详情</a></td>
24              </tr>
25              <tr>
26                  <td>2</td>
27                  <td>***股票C</td>
28                  <td>0.1023</td>
29                  <td>0.1025</td>
30                  <td>0.65%</td>
31                  <td><a href="#">查看详情</a></td>
32              </tr>
33          </tbody>
34          <tfoot>
35              <tr>
36                  <td colspan="6">数据最后更新时间：2024-06-12</td>
37              </tr>
38          </tfoot>
39      </table>
40  </body>
```

例2-23定义了一个4行6列的表格。第04、16、34行代码分别使用<thead>、<tbody>和<tfoot>标签对数据进行分组。本例运行效果如图2-29所示。

图2-29　对单元格进行分组

2.7　视频和音频标签

网页中不仅有文本和图像，还常常包含一些视频和音频等多媒体内容。网页中的多媒体嵌入可以使用HTML5新增的<video >和<audio>标签。

2.7.1　视频标签

<video>标签用于定义视频，比如电影片段或其他视频流。语法格式如下：

```
<video src="视频资源路径"></video>
```

src是必选属性，指嵌入网页中的视频资源路径。<video>标签常用属性如下：

- src：视频的路径。
- autoplay：如果出现该属性，则视频在就绪后马上播放。
- controls：如果出现该属性，则向用户显示控件，比如播放按钮。
- height：设置视频播放器的高度。
- width：设置视频播放器的宽度。
- loop：如果出现该属性，则当媒介文件完成播放后再次开始播放。
- poster：规定视频下载时显示的图像，或者在用户单击播放按钮前显示的图像。

【例 2-24】<video>标签

```
01    <body>
02        <h1>《火热军营 精彩人生》宣传片</h1>
03        <video controls="controls" height="480" id="player1"
poster="images/poster.jpg"
04            src="2023zbxcp.mp4" width="640">
05            <p>您的浏览器不支持播放该视频，请使用谷歌浏览器或者更高版本浏览器浏览！
</p>
06        </video>
07    </body>
```

第03行代码使用<video>标签嵌入了一个高为480px、宽为640px的MP4视频播放器。由于设置了属性controls，因此会显示播放控件。当浏览器不支持<video>标签时，将显示第05行代码定义的文本。例2-24的运行效果如图2-30所示。

图 2-30　<video>标签运行效果

2.7.2　音频标签

<audio>标签用于在网页中嵌入音频，比如音乐或其他音频流。语法格式如下：

```
<audio src="音频资源路径"></audio>
```

src是必选属性，指嵌入网页当中的音频资源路径。<audio>标签常用属性如下：

● src：音频路径。
● autoplay：如果出现该属性，则音频在就绪后马上播放。
● controls：如果出现该属性，则向用户显示控件，比如播放按钮。
● loop：如果出现该属性，则当媒介文件完成播放后再次开始播放。

【例2-25】<audio>标签

```
01    <body>
02        <h1>使用audio标签嵌入MP3音乐</h1>
03        <audio controls="controls" src="1.mp3" autoplay = "autoplay"  loop ="
loop ">
04            <p>您的浏览器不支持播放该音频，请使用谷歌浏览器或者更高版本浏览器浏览！
</p>
05        </audio>
06    </body>
```

第03行代码使用<audio>标签嵌入了一个音频播放器。由于设置了属性controls，因此会显示播放控件。另外，用于设置了autoplay和loop属性，因此该音频在页面加载后自动开始重复播放。当浏览器不支持<audio>标签时，将显示第03行代码定义的文本。例2-25的运行效果如图2-31所示。

图2-31　<audio>标签运行效果

2.8　其　他　标　签

2.8.1　预格式化标签

<pre>标签表示预定义格式文本。在该元素中的文本通常按照原文件中的编排，以等宽字体的形式展现出来，文本中的空白符（比如空格和换行符）也都会显示出来。

【例2-26】<pre>标签

```
01    <body>
02        <pre>
03            文化是一个国家、一个民族的灵魂。
```

```
04          文化兴国运兴，文化强民族强。
05          没有高度的文化自信，没有文化的繁荣兴盛，就没有中华民族伟大复兴。
06      </pre>
07  </body>
```

<pre>标签使得文本保持了原始的格式，包括换行和空格。例2-26的运行效果如图2-32所示，第03~05行代码的内容原样显示在页面中。

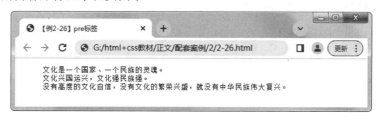

图 2-32　<pre>标签效果

2.8.2　水平线标签

<hr/>标签用于在HTML页面中创建一条水平线。一条水平线可以在视觉上将文档分隔成两个部分。<hr/>标签是单标签，它的所有呈现属性均不被推荐使用，请使用CSS设置。

【例 2-27】<hr/>标签

```
01  <body>
02      <h2>HTML是什么</h2>
03      <hr />
04      <p>
05          HTML（超文本标记语言——HyperText Markup Language）是构成Web世界的砖瓦。它定义了网页内容的含义和结构。除 HTML以外的其他技术则通常用来描述一个网页的表现与展示效果（如CSS），或功能与行为（如 JavaScript）。
06      </p>
07  </body>
```

例2-27的第03行代码添加了一条默认样式的水平线，运行效果如图2-33所示。

图 2-33　<hr/>标签效果

2.8.3　行内容器标签

<span>标签是一个行内容器标签，没有任何特殊语义，通常用于设置文本的视觉差异，例如

将搜索关键字标红。在不使用CSS的情况下，它对内容或布局没有任何影响。

【例 2-28】<span>标签

```
01    <style>
02       span{
03         font-style: italic;
04         font-weight: bold;
05        }
06    </style>
07    <body>
08       <p>
09         <span>独立</span>之精神,<span>自由</span>之思想
10       </p>
11    </body>
```

第09行代码使用<span>标签设置"独立"和"自由"字体样式，使其更加醒目。例2-28的运行效果如图2-34所示。

图 2-34　<span>标签效果

注意：<span>与<div>很相似，但<div>是一个块元素，而<span>是行内元素。
在 HTML5 中，<div>、<span>应当仅在没有任何其他语义元素（比如<article>或<nav>）可用时使用。<div>将在第 8 章中详细介绍。

2.9　实战案例："大学生参军网站"兵役登记页面

服兵役是每一个大学生应尽的义务，青年大学生应积极参军入伍，到火热军营中去淬炼青春。通过这个过程，不仅能强健体魄，而且可以获得就业、升学等优惠政策支持。更重要的是，军旅生涯将培养他们坚韧不拔的品质，增强爱国主义情怀和历史使命感，提高团队协作精神，为未来人生积累宝贵的成长经历。

本书仿照全国征兵网，实现一个"大学生参军入伍专题网站"（下文统一简称为"大学生参军网站"）。本节实战案例实现"大学生参军网站"的兵役登记页面。

1. 案例呈现

"大学生参军网站"兵役登记页面效果如图2-35所示。本节使用本章所介绍的HTML标签完成兵役登记页面的内容制作，页面涉及的页眉、页脚和CSS部分详见本书配套案例。

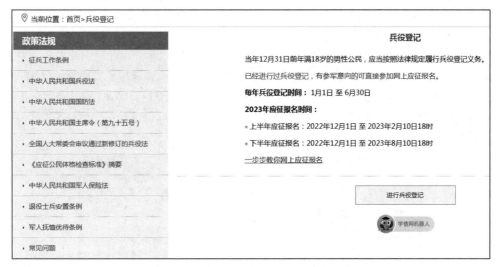

图 2-35　兵役登记页面效果

2. 案例分析

如图2-35所示，页面内容可以划分为"政策法规"和"兵役登记"两个部分。"政策法规"区域标题可以用<h3>标签实现，内容是一个无序列表，可以采用<ul>标签实现。"兵役登记"区域标题可以用<h3>标签实现，内容由段落、强调文本、超链接和图片等元素组成。

3. 案例实现

HTML代码如下：

```
01  <body>
02      <div>当前位置：首页 &gt;兵役登记</div>
03      <div>
04        <div>
05          <h3>政策法规</h3>
06          <ul>
07            <li><a href="#" target="_blank">征兵工作条例</a></li>
08              ...(省略其余<li>)
09          </ul>
10        </div>
11      <div>
12        <h3>兵役登记</h3>
13        <p>当年12月31日前年满18岁的男性公民，应当按照法律规定履行兵役登记义务。</p>
14        <p >已经进行过兵役登记，有参军意向的可直接参加网上应征报名。</p>
15        <p > < strong >每年兵役登记时间：</strong><span>1月1日至6月30日</span></p>
16        <p><strong>2023年应征报名时间：</strong></p>
17        <p>上半年应征报名：<span>2022年12月1日至 2023年2月10日18时</span></p>
18        <p>下半年应征报名：<span>2022年12月1日 至 2023年8月10日18时</span></p>
19        <p> <a href="# " target="_blank">一步步教你网上应征报名</a></p>
20        <p><a href="#">进行兵役登记</a></p>
21        <p><a href="#"><img src="images/robot.png" alt=""></a></p>
```

```
22      </div>
23      </div>
24  </body>
```

上述代码中，第03~22行的div区域定义了兵役登记页面的内容区域，其中第04~09行的div区域定义了"政策法规"区域；第11~22行的div区域定义了"兵役登记"区域；第06行的<ul>标签定义了无序列表，有默认的小圆点；第15行的< strong >标签代表强调语气。代码中所有<span>标签的作用是便于CSS控制文字样式。上述代码效果如图2-36所示。

图 2-36　案例实现效果

2.10　本 章 小 结

本章首先介绍了HTML5语法基础，然后介绍了HTML5常用标签及属性，最后综合本章所介绍的HTML标签，完成了兵役登记页面的内容制作。通过本章的学习，读者应该能够掌握HTML常用标签，并用它们编写基本的HTML页面，为后续章节的学习奠定基础。

第**3**章

HTML5 页面元素和属性

HTML5提供了很多新功能和新特性，使得网页的构建变得更加直观、高效，同时为终端用户带来了更加丰富和流畅的浏览体验。这些创新不仅涵盖了结构上的改进，还包括了增强的交互能力和新的全局属性。本章将介绍HTML5新增的结构标签、交互元素和全局属性。

本章学习目标

- 了解 HTML5 新增的结构标签、交互元素和全局属性。
- 了解 HTML5 其他新增功能及应用。
- 合理地使用语义化标签定义网页元素。

3.1　文档结构标签

在HTML5之前，页面的头部、主体内容、侧边栏和页脚等不同结构都是使用\<div\>标签来划分的，但\<div\>标签本身无语义，当搜索引擎抓取使用\<div\>划分结构的页面内容时，就只能去猜测页面各部分的功能。另外，使用屏幕阅读器等设备来阅读用\<div\>划分结构的页面时，由于文档结构和内容不清晰而不利于阅读。

针对上述问题，HTML5新增了几个专门用于表示文档结构的标签，如\<header\>、\<footer\>、\<aside\>等。使用这些标签可以使页面布局更加语义化，让页面代码更加易读，也能使搜索引擎更好地理解页面各部分之间的关系，从而更快、更准确地搜索到需要的信息。

3.1.1　\<header\>标签

\<header\>标签定义了页面或内容区域的页眉信息。页面的站点名称、Logo、导航栏、搜索框以及内容区域的标题等内容都可以包含在<header>标签中。如图3-1所示的MDN网站，页眉中的各个元素均嵌套在了<header>标签中。

图 3-1   <header>标签效果

<header>是一个双标签，语法格式如下：

```
<header>页眉相关信息</header>
```

【例 3-1】<header>标签

```
01    <body>
02        <!-- 用于表示整个文档的页眉 -->
03        <header>
04            <!-- 页眉内容 -->
05        </header>
06        <!-- 用于表示页面中的某个分块的页眉 -->
07        <section>
08            <header>
09                <!-- 分块的页眉内容 -->
10            </header>
11            <!-- 分块的其他内容 -->
12        </section>
13        <!-- 用于表示文章的页眉 -->
14        <article>
15            <header>
16                <!-- 文章的页眉内容 -->
17            </header>
18            <!-- 文章的其他内容 -->
19        </article>
20    </body>
```

例3-1展示了<header>标签常见的3种用法，分别是表示整个文档的页眉、表示页面中的某个分块的页眉、表示文章的页眉。其中<section>和<article>标签将在后续小节讲解。

3.1.2　<footer>标签

<footer>标签定义了页面或内容区域的页脚内容，比如页面的版权、使用条款和链接等。如图3-2所示的MDN网站，页脚中的各个元素均嵌套在了<footer>标签中。

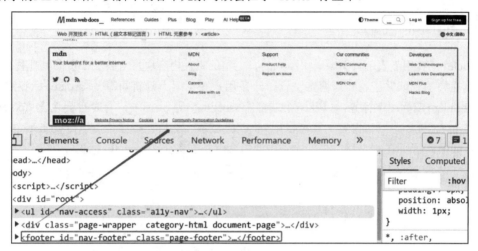

图 3-2　<footer>标签效果

<footer >是一个双标签，语法格式如下：

```
<footer>页脚相关信息</footer>
```

【例 3-2】<footer>标签

```
01  <body>
02    <!-- 用于表示文章或博客中的页脚 -->
03    <article>
04     <!-- 文章的其他内容 -->
05     <footer>
06      <!-- 文章的页脚内容 -->
07     </footer>
08    </article>
09    <!-- 用于表示页面中的某个分块的页脚 -->
10    <section>
11     <!-- 分块的其他内容 -->
12     <footer>
13      <!-- 分块的页脚内容 -->
14     </footer>
15    </section>
16    <!-- 用于表示整个文档的页脚 -->
17    <footer>
18     <!-- 页脚内容 -->
19    </footer>
20  </body>
```

例3-2展示了<footer>标签常见的3种用法，分别是表示整个文档的页脚、表示页面中的某个分块的页脚、表示文章的页脚。

💡 **注意：** <header>和<footer>标签没有个数限制。

<header>和<footer>标签提供了一种语义化的方式，来描述和识别页面或页面某部分的页眉和页脚内容。它有助于提高页面的可读性、可访问性和结构化。

3.1.3　<article>标签

<article>标签用于表示页面中一块独立的、完整的相关内容块，可独立于页面其他内容使用，例如一篇完整的论坛帖子、一篇博客文章、一条用户评论、一则新闻等。<article>标签通常会包含一个<header>或标题字标签，以及一个或多个<section>或<p>标签，有时也会包含<footer>和嵌套的<article>。例如，一篇博客文章可以用<article>显示，然后一些评论可以用<article>的形式嵌入其中。如图3-3所示的微博网站中的一条微博内容就是嵌套在了<article>标签中。

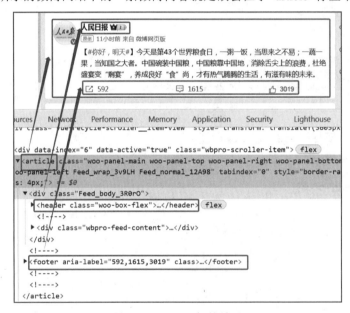

图 3-3　<article>标签效果

<article>是一个双标签，语法格式如下：

```
<article>独立内容</article>
```

【例 3-3】 <article>标签

```
01  <body>
02      <article>
03          <header><h1>人民日报</h1></header>
04          <p>16小时前 来自 微博网页版</p>
05          <p>今天是第43个世界粮食日，一粥一饭，当思来之不易；一蔬一果，当知国之大者。
中国碗装中国粮，中国粮靠中国地，消除舌尖上的浪费，杜绝盛宴变"剩宴"，养成良好"食"尚，才有热气
腾腾的生活，有滋有味的未来。</p>
06          <footer>转发592 评论1615 点赞3019</footer>
07      </article>
08  </body>
```

第02行代码定义了一篇微博文章，第03行代码定义了文章的标题，第06行代码定义了文章的页脚。例3-3的运行效果如图3-4所示，由于没有设置CSS，因此与图3-3有所差别。

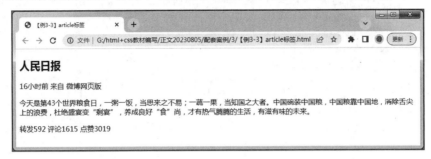

图 3-4　运行效果

3.1.4　<section>标签

<section>标签用于对页面上的内容进行分块，例如将文章分为不同的章节，将页面内容分为不同的内容块。如图3-5所示的MDN网站的文章里的"主要资源""初学者教程"等不同区块都使用<section>标签表示。

图 3-5　<section>标签效果

< section >是一个双标签，语法格式如下：

```
<section>块内容</section>
```

【例 3-4】<section>标签

```
01    <body>
02        <article>
```

```
03          <header>
04              <h1>HTML（超文本标记语言）</h1>
05              <P>HTML（超文本标记语言——HyperText Markup Language）是构成 Web 世
界的一砖一瓦。</P>
06          </header>
07          <section>
08              <h2>主要资源</h2>
09              <p>如果你是 Web 开发新手，请务必阅读我们的文章来了解什么是 HTML 以及如
何使用它。</p>
10          </section>
11          <section>
12              <h2>初学者教程</h2>
13              <p>我们的 HTML 学习区 含有许多富有特色的模块，学习者可以在没有任何先前
经验的情况下从零开始，掌握 HTML。</p>
14          </section>
15          <aside>
16              <h3>本页内容有误？</h3>
17              <ul>
18                  <li>给我们发邮件</li>
19                  <li>提交源码</li>
20              </ul>
21          </aside>
22      </article>
23  </body>
```

第07、11行代码使用<section>标签将一篇文章进行了分块，其中每块又包含不同的标题和内容。例3-4的运行效果如图3-6所示。第15行的<aside>标签将在3.1.5节介绍。

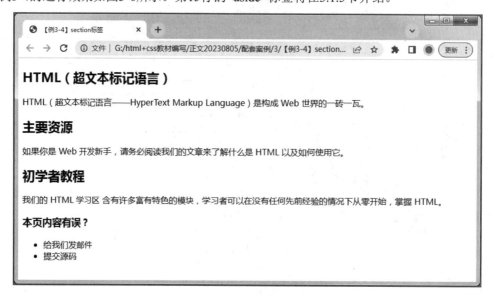

图 3-6 运行效果

💡 **注意：** <section>和<div>的区别：<div>主要是作为容器使用，而<section>是从语义上进行结构划分，所以不要将<section>元素用作设置样式的页面容器。

3.1.5　<aside>标签

<aside>标签用于定义当前页面或文章的附属信息部分，可以包含与当前页面或主要内容相关的引用、侧边栏、广告等。<aside>标签包含的内容与页面的主要内容是分开的，可以被删除，而不会影响页面要传达的信息。如图3-7所示的MDN网站里文章两边的侧边栏都使用<aside>标签表示。

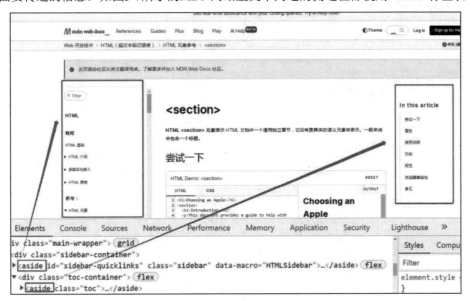

图 3-7　<aside>标签效果

<aside>是一个双标签，语法格式如下：

```
<aside>附属信息部分</aside>
```

在例3-4中，第15~21行代码使用了<aside>标签在文章内部定义了文章的反馈部分。

3.1.6　<nav>标签

<nav>标签用于定义页面上的导航条，一个页面中可以拥有多个<nav>标签。<nav>标签是一个双标签，语法格式如下：

```
<nav>导航条</nav>
```

【例 3-5】<nav>标签

```
01   <body>
02     <nav>
03       <header> <h2>In this article</h2> </header>
04       <ul>
05         <li><a href="#">尝试一下</a></li>
06         <li><a href="#">属性</a></li>
07         <li><a href="#">使用说明</a></li>
08         <li><a href="#">示例</a></li>
09         <li><a href="#">规范</a></li>
```

```
10              <li><a href="#">浏览器兼容性</a></li>
11              <li><a href="#">参见</a></li>
12          </ul>
13      </nav>
14  </body>
```

第02行代码定义了一个导航条。例3-5的运行效果如图3-8所示，由于没有设置CSS样式，因此和图3-7右侧所示导航条有所区别。

图 3-8　运行效果

3.1.7　<figure>和<figcaption>标签

<figure>标签规定独立的流内容（图像、图表、照片、代码等）。<figure>标签的内容应该与主内容相关，同时元素的位置相对于主内容是独立的。如果<figure>标签被删除，则不应对文档流产生影响。

<figcaption>标签用来为<figure>标签定义标题。

它们都是双标签，语法格式如下：

```
<figure>
    <!-- 流内容 -->
    <figcaption>标题</figcaption>
</figure>
```

【例 3-6】<figure>标签和<figcaption>标签

```
01  <body>
02      <figure>
03          <img src="1.jpg" alt="征兵网图片">
04          <figcaption>投笔从戎卫山河，争做时代好青年</figcaption>
05      </figure>
06  </body>
```

第02行代码定义了一个独立的流内容（图像），第04行代码定义了流内容标题。例3-6的运行效果如图3-9所示。

图 3-9 运行效果

3.1.8 <main>标签

<main>标签用于定义页面的主题内容。一个页面中只有一个<main>标签。<main>标签是一个双标签，语法格式如下：

```
<main>主体</main>
```

【例 3-7】<main>标签

```
01 <body>
02  <header>头部</header>
03  <main>主体</main>
04  <footer>底部</footer>
05 </body>
```

第03行代码定义了一个主题内容区域。

注意： <main>不能作为<article>、<header>、<aside>、<footer>、<nav>的子元素节点。

3.2 交 互 元 素

HTML5引入了许多强大的交互元素，使得开发者能够创建出更丰富、更动态的用户界面。本节将介绍一些常用的HTML5交互元素。

3.2.1 <progress>标签

<progress>标签用于标示任务的进度，例如Windows系统中软件的安装、文件的复制等的进度。<progress>标签是一个双标签，语法格式如下：

```
<progress>当浏览器不支持此标签时，将显示的内容。支持的浏览器不会展示此内容</progress>
```

<progress>标签的常用属性如下：

● max：规定任务一共需要完成多少工作。
● value：规定已经完成多少任务。

【例 3-8】progress 标签

```
01    <body>
02        <progress value="100" max="100">100%</progress>
03        <progress value="50" max="100">50%</progress>
04        <progress value="25" max="100">25%</progress>
05    </body>
```

例3-8定义了3个进度条，分别表示已完成100%、50%、25%的任务，运行效果如图3-10所示。

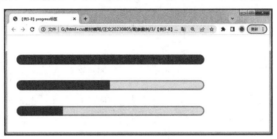

图 3-10　运行效果

💡 **注意：** <progress>标签通常与 JavaScript 一同使用，来动态显示任务的进度，例如文件下载进度。

3.2.2　<meter>标签

<meter>标签定义已知范围或分数值内的标量测量，表示某种计量，例如温度、重量、金额等量化的表现。<meter>标签是一个双标签，语法格式如下：

<meter>当浏览器不支持此标签时，将显示的内容。支持的浏览器不会展示此内容</meter>

<meter>标签常用属性如下：

● value：规定度量的当前值。
● high：设置过高的阈值，当 value 值大于 high 并小于 max 时，显示过高的颜色。
● low：设置过低的阈值，当 value 值小于 low 并大于 min 时，显示过低的颜色。
● max：规定范围内的最大值。
● min：规定范围内的最小值。
● optimum：规定度量的优化值。

【例 3-9】<meter>标签

```
01    <body>
02        <meter></meter>没有属性<br/>
03        <meter value="0.6"></meter>只有value属性<br/>
04        <meter value="40"  min="10" low="30" high="80"
```

```
max="100" ></meter>value介于low和high之间，计量条绿色<br/>
    05       <meter value="20" min="10" low="30" high="80"
max="100" ></meter>value小于low的meter，计量条黄色<br/>
    06       <meter value="90" min="10" low="30" high="80"
max="100" ></meter>value大于high的meter，计量条黄色<br/>
    07   </body>
```

例3-9定义了9个不同属性值的计量条，运行效果如图3-11所示。

图 3-11　运行效果

3.2.3　<details>标签

<details>标签用于描述文档或文档某个部分的细节，在浏览器中能够产生像手风琴一样展开和折叠的交互效果。<summary>标签通常作为<details>标签的标题部分，嵌套在<details>标签中。应用时，标题是可见的，当单击标题时将会显示或隐藏<details>标签中的详细信息。

<details>、<summary>标签是双标签，语法格式如下：

```
<details>
    <summary>标题</summary>
    <!-- 内容 -->
</details>
```

<details>标签常用属性如下：

● open：定义 details 是否可见（默认不可见）。

open属性用于控制<details>标签是否显示详细信息，当值为true时，元素内部的子元素被展开显示；当值为false时，其内部的子元素被收缩起来不显示。

【例 3-10】<details>标签

```
01   <body>
02     <details>
03       <summary>七律·长征</summary>
04       <h3>现代·毛泽东</h3>
05       <p>红军不怕远征难，万水千山只等闲。</p>
06       <p>五岭逶迤腾细浪，乌蒙磅礴走泥丸。</p>
07       <p>金沙水拍云崖暖，大渡桥横铁索寒。</p>
08       <p>更喜岷山千里雪，三军过后尽开颜。</p>
09     </details>
10   </body>
```

例3-10的运行效果如图3-12所示。由图可知，标题是可见的，内容默认不可见。单击标题后，将会显示<details>标签中的详细信息，如图3-13所示。

图 3-12　运行效果

图 3-13　单击标题效果

💡 **注意：** <details>标签通常会在屏幕上使用一个小三角形组件，旋转（或扭转）三角形以表示打开或关闭的状态，可以使用 CSS 来设计这个小组件。

可以通过 JavaScript 设置或移除 open 属性以打开和关闭该小组件。

3.3　文本层次语义标签

为了使HTML页面中的文本内容更加生动形象，需要使用一些特殊的标签来突出文本之间的层次关系，这样的标签被称为文本层次语义标签。文本层次语义标签主要包括<cite>标签、<mark>标签和<time>标签。

3.3.1　<cite>标签

<cite>标签用来格式化文档中的文本为作品标题。该标签通常表示它所包含的文本对某个参考文献的引用，比如图书或者杂志的标题。<cite>标签是一个双标签，语法格式如下：

```
<cite>作品标题</cite>
```

【例 3-11】 <cite>标签

```
01    <body>
02        <article>
03            <header>
04                <h1>马列经典著作推荐</h1>
05            </header>
06            <section>
07                <figure>
08                    <img src="images/2.png" alt="共产党宣言" width="150px">
09                </figure>
10                <p>1848年2月，由马克思和恩格斯共同完成的全世界共产党人的第一个纲领性文
```

件**<cite>**《共产党宣言》**</cite>**在英国伦敦发表。它的发表标志着马克思主义的正式诞生。过去170多年

来，<cite>《共产党宣言》</cite>成为近代以来最具影响力的著作，先后被译成200多种文字，出版了数千个版本，成为世界上发行量最大的图书之一。

```
11              </p>
12          </section>
13          ...
14      </article>
15  </body>
```

第10行代码"<cite>《共产党宣言》</cite>"表示"《共产党宣言》"是一本图书的标题。例3-11的运行效果如图3-14所示。由图可知，<cite>标签的文本将以斜体显示。

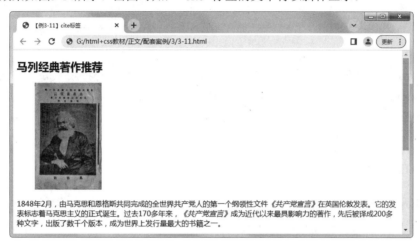

图 3-14　运行效果

3.3.2　<mark>标签

<mark>标签用于突出显示HTML文档中的文本，例如高亮显示搜索引擎搜索结果中的关键词。浏览器通常将<mark>标签中的文本呈现为具有黄色背景色的文本。

< mark>标签是双标签，语法格式如下：

```
<mark>突出显示的文本</mark>
```

【例 3-12】<mark>标签

```
01  <body>
02      <p>
03          促进<mark>教育</mark>公平与质量提升。落实立德树人根本任务。 推进高等
<mark>教育</mark>内涵式发展，优化高等<mark>教育</mark>布局，分类建设一流大学和一流学科，
加快培养理工农医类专业紧缺人才，支持中西部高等<mark>教育</mark>发展。高校招生继续加大对中西
部和农村地区倾斜力度。加强师德师风建设。健全学校家庭社会协同育人机制。发展在线<mark>教育
</mark>。完善终身学习体系。倡导全社会尊师重教。我国有2.9亿在校学生，要坚持把<mark>教育
</mark>这个关乎千家万户和中华民族未来的大事办好。……';
04      </p>
05  </body>
```

例3-12模拟了在搜索引擎或网页中搜索关键字"教育"的页面效果，运行效果如图3-15所示。

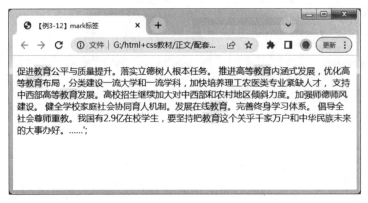

图 3-15　运行效果

> 💡 **注意：** <mark>表示为引用或符号目的而标记或突出显示的文本。不要为了语法高亮而用<mark>元素，应该用<strong>元素结合适当的 CSS 来实现语法高亮目的。
> <mark>默认背景颜色是黄色，可以通过背景属性修改。

3.3.3　<time>标签

<time>标签用来表示24小时制时间或者公历日期，若表示日期，则也可以包含时间和时区，例如文章的发表时间。该元素能够以机器可读的方式对日期和时间进行编码，其目的是让搜索引擎等其他程序可以更容易地提取这些信息。

<time>标签是一个双标签，语法格式如下：

```
<time>24小时制时间或者公历日期</time>
```

<time>标签常用属性如下：

● datetime：定义机器可读的日期/时间。

【例 3-13】<time>标签

```
01    <body>
02        文章发表于<time datetime="2023-12-22"> 2023年12月22日</time>
03        <p>会议预定于<time datetime="2024-12-18">下周三</time></p>
04    </body>
```

第02行代码定义了时间标签的基本用法，第03行代码显示了如何使用datetime属性以机器可读格式提供内容。例3-13的运行效果如图3-16所示。

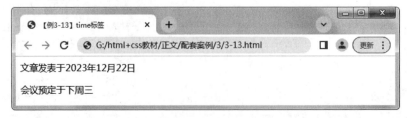

图 3-16　运行效果

3.4 全 局 属 性

HTML标签全局属性是可与所有HTML元素一起使用的属性。本节将介绍id、style、class等HTML5之前就存在的常用全局属性，以及HTML5中新增的hidden、contenteditable、data-*、draggable等全局属性。

1. id 属性

全局属性id定义了一个全文档唯一的标识符，用于在链接、脚本和样式中辨识元素。id属性可用作链接锚，可以通过JavaScript或CSS为带有指定id的元素改变或添加样式。示例代码如下：

```
<p id="test">无人扶我青云志，我自踏雪至山巅。</p>
```

2. style 属性

全局属性style规定元素的行内样式。style属性将覆盖任何全局的样式设定，例如在<style>标签或在外部样式表中规定的样式。示例代码如下：

```
<p style="color:red">苦尽甘来终有时，一路向阳待花期。</p>
```

3. class 属性

全局属性class的值是一个以空格分隔的元素的类名列表，它允许CSS和Javascript通过类选择器或DOM方法来选择和访问特定的元素。示例代码如下：

```
<style> .test{color:red}</style>
<p class="test">白马长枪飘如诗，鲜衣怒马少年时。</p>
```

4. hidden 属性

全局属性hidden是一个布尔属性，表示一个元素尚未或者不再相关。例如，它可以用来隐藏一个页面元素直到登录完毕。如果一个元素设置了这个属性，它就不会被显示。示例代码如下：

```
<!-- 此内容不会在网页显示 -->
<p hidden="hidden">少年自当扶摇上，揽星衔月逐日光。</p>
```

5. contenteditable 属性

全局属性contenteditable规定元素内容是否可编辑。若该属性值为true，则表示元素是可编辑的；若值为false，则表示元素不是可编辑的。示例代码如下：

```
<div contenteditable="true">这是一个可编辑的区域</div>
```

用户单击上述div区域即可编辑内容。编辑完成后，可以通过JavaScript程序保存编辑内容。

6. data-*属性

全局属性data-*是一类被称为自定义数据属性的属性，它提供了在所有HTML元素上嵌入自定义数据属性的能力，并可以通过脚本在HTML与DOM之间进行数据的交换。如图3-17所示,淘宝网中的部分标签使用了data-*属性。

图 3-17　　data-*属性示例

示例代码如下：

```
<ul>
    <li data-animal-type="鸟类">喜鹊</li>
    <li data-animal-type="鱼类">金枪鱼</li>
    <li data-animal-type="哺乳类">大熊猫</li>
</ul>
```

其中属性data-animal-type是自定义数据属性，它能够被页面的JavaScript等脚本使用，以创建更好的用户体验。

7. draggable 属性

全局属性draggable规定元素是否可拖动。若属性值为true，则表示元素可以被拖动；若属性值为false，则表示元素不可以被拖动。draggable属性常结合JavaScript代码用在拖放操作中。由于涉及较多JavaScript代码，因此这里不提供示例代码，读者可在本书配套资源中查看配套案例3-14。

3.5　实战案例："大学生参军网站"页面结构

1. 案例呈现

"大学生参军网站"的每个页面均有相同的页眉、导航栏和页脚，如图3-18所示。本节综合HTML5结构标签，完成页眉、导航栏和页脚的内容制作。页眉、导航栏和页脚的CSS部分，详见本书配套案例。

2. 案例分析

1）导航栏

导航栏使用\<nav>标签。导航栏包括首页、参军政策、报名条件、问题解答、在线报名、军旅生活、退役风采栏目，采用\<ul>列表实现。单击某个栏目可以跳转到相应页面，因此每个栏目使用\<a>标签实现。

2）页眉

页眉使用\<header>标签。页眉包括网站Logo和导航栏两部分。

图 3-18　页眉、导航栏和页脚效果

3）页脚

页脚使用<footer>标签。页脚含有主办单位、版权等信息。

3. 案例实现

1）导航栏

HTML代码如下：

```
01  <nav>
02    <ul class="nav">
03      <li class="active"><a href="#">首页</a></li>
04      <li><a href="#" target="_blank">参军政策</a></li>
05      <li> <a href="#" target="_blank">报名条件</a></li>
06      <li> <a href="#" target="_blank">问题解答</a></li>
07      <li><a href="#" target="_blank">在线报名</a></li>
08      <li><a href="#" target="_blank">军旅生活</a></li>
09      <li> <a href="#" target="_blank">退役风采</a></li>
10    </ul>
11  </nav>
```

2）页眉

HTML代码如下：

```
01   <header>
02      <div><img src="images/logo.png" alt=""></div>
03      <nav>...(省略导航栏内容)</nav>
04   </ header >
```

3）页脚

HTML代码如下：

```
01   <footer>
02      <div>
03      主办单位：*******<br>京ICP备********号 京公网安备********号<br> 大学生参
军入伍专题网 版权所有 CopyRight&copy;2024 ***** All rights Reserved.<br/>
04      </div>
05   </footer>
```

3.6 本 章 小 结

　　本章介绍了HTML5新增的结构标签、交互元素和全局属性，完成了"大学生参军网站"的页眉、导航栏和页脚制作。通过本章的学习，读者可以掌握新增标签和属性的用法及使用场景，同时了解HTML5的强大功能，从而简化复杂的程序开发。

第4章

表　单

表单是一种用于在网页中收集用户输入信息的交互式界面元素，它是网页和用户之间数据交换的重要方式。例如，在网站注册、登录、留言、购物车结算等场景中，都会用到表单来收集用户的姓名、邮箱、密码、商品数量等信息。表单通常包含各种类型的输入控件，如文本框、密码框、复选框、单选按钮、下拉列表、文件上传、按钮等。本章将介绍表单相关标签及HTML5新增的表单元素和属性。

本章学习目标

- 了解表单相关概念，理解表单数据的获取和提交过程。
- 掌握表单相关标签，能够合理地使用它们。
- 掌握 HTML5 新增的表单元素和属性，能够创建出功能完整、设计良好的表单。

4.1　表单概述

网上常见的登录、注册、发表评论等功能都是表单的典型应用。如图4-1所示为全国征兵网的登录表单。

表单信息的处理过程涉及以下几个关键步骤。

1. 数据提交

用户在客户端填写表单信息后，单击"提交"按钮，表单数据会被发送到服务器。

2. 数据传输

表单数据可以通过get或post方法传输到服务器。get方法将数据附加在URL之后，而post方法则在请求体中发送数据，后者更适合传输敏感或大量数据。

图 4-1　表单效果示例

3. 服务器处理

数据被服务器接收后，会由服务器端的应用程序进行处理。这可能包括验证数据的有效性、保存数据到数据库、发送电子邮件或其他服务器端逻辑。

4. 反馈响应

数据处理完成后，服务器可能会向客户端返回一个响应，这个响应可以是一个新的页面、一个确认消息或错误提示。

表单信息的处理过程示意图如图4-2所示。

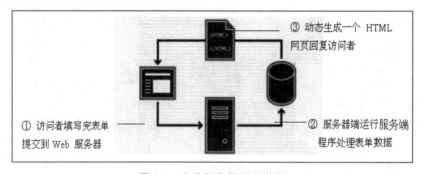

图 4-2　表单信息的处理过程

完整实现表单功能，需要涉及两部分：一是描述表单对象的HTML代码；二是客户端的脚本或者服务器端的用于处理用户所填写信息的程序。在本章中，只介绍描述表单对象的HTML代码。

用于描述表单对象的标签可以分成表单标签<form>和表单域标签两大类：<form>用于定义一个表单区域；表单域标签用于定义表单中的各个元素。通常表单元素需要放在<form>标签中，但在

HTML5中，表单域通过添加form属性也可以放在<form>标签外面。表单相关标签如表4-1所示。

表 4-1 表单相关标签

标 签	描 述	标 签	描 述
<form>	定义 HTML 表单	<option>	定义列表的项
<input>	设置表单输入元素	<textarea>	定义多行文本框
<button>	定义按钮	<fieldset>	定义围绕表单中元素的边框
<label>	定义输入元素的标签	<optgroup>	定义选择列表中相关选项的组合
<select>	定义选择列表	<datalist>	为文本输入框提供选项列表

4.2　<form>标签

<form>标签用于定义HTML表单。它限定表单的范围，即定义一个区域，单击"提交"按钮时，提交的是这个区域内的数据。其语法格式如下：

```
<form action="" method="" name=""></form>
```

<form>标签常用属性如下：

- name：规定表单的名称。
- method：规定用于发送表单数据的方法。
- action：规定当提交表单时向何处发送表单数据。
- enctype：规定在发送表单数据之前如何对它进行编码。

在一个页面中，表单可能不止一个，每一个<form>标签就是一个表单。为了区分这些表单，可以使用name属性来给表单命名。

浏览器使用method属性设置的方法将表单中的数据传送给服务器进行处理，共有两种方法：get方法和post方法。

- get 方法：是将表单内容附加到浏览器的地址栏中，所以对提交信息的长度进行了限制，在一些浏览器中，最多不能超过 8KB 个字符。如果信息太长，就会被裁断，从而导致意想不到的处理结果。同时 get 方法不具有保密性，不适用于处理密码、银行卡卡号等要求保密的内容，而且不能传送非 ASCII 码的字符。
- post 方法：是将用户在表单中填写的数据包含在表单的主体中，一起传送给服务器上的处理程序。该方法没有字符个数和字符类型的限制，所传送的数据不会显示在浏览器的地址栏中。

默认情况下，表单使用get方法传送数据；当数据涉及保密要求时，必须使用post方法；当所传送的数据用于执行插入或更新数据库操作时，则最好使用POST方法；而当执行搜索操作时，可以使用get方法。

enctype属性规定在发送到服务器之前应该如何对表单数据进行编码。默认表单数据会编码为"application/x-www-form-urlencoded"。也就是说，在发送到服务器之前，所有字符都会进行编码。在使用包含文件上传控件的表单时，必须将enctype属性的值设置为"multipart/form-data"。

<form>标签示例代码如下：

```
<form action="form_action.php" name="test"></form>
```

上述代码将表单名字设置为"test"，使用默认的编码方式和默认的get方法将表单数据发送给服务器，服务器地址是"form_action.php"。

4.3   <input>标签

<input>标签用于设置表单输入元素，其中包括文本框、密码框、单选按钮、复选框、按钮等。语法格式如下：

```
<input type="元素类型" name="元素名称" >
```

name属性指定元素的名称，作为服务器程序访问表单元素的标识名称，不能重复。

type属性设置不同类型的输入元素，属性值如表4-2所示。

表 4-2   type 属性值

值	描　　述	值	描　　述
text	设置单行文本框元素	hidden	设置隐藏元素
password	设置密码元素	button	设置普通按钮元素
file	设置文件元素	image	设置图像提交按钮元素
radio	设置单选按钮元素	reset	设置重置按钮元素
checkbox	设置复选框元素	submit	设置提交按钮元素

页面效果如图4-3所示。

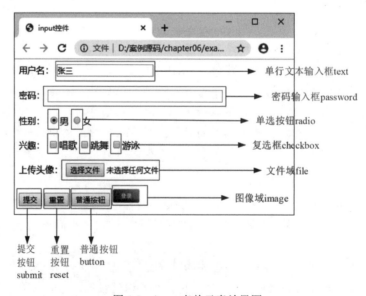

图 4-3   input 表单元素效果图

4.3.1 单行文本框

当type属性值为text时，<input>标签将创建一个单行输入文本框。该文本框用于让访问者输入文本信息，输入的信息将以明文显示。语法格式如下：

```
<input type="text" name="文本框名称" >
```

name属性为必选属性，只有设置了name属性的表单元素的值才能提交给服务器。除了type和name属性之外，文本框还有maxlength、size和value等可选属性。单行文本框常用属性如下：

- value：设置文本框的默认值。
- size：控制文本框的长度。
- maxlength：设置文本框最多可输入的字符数。

【例4-1】单行文本框

```
01    <body>
02        <h4>实名注册</h4>
03        <form action="" name="">
04            姓名：<input type="text" name="username"><br />
05            电话：<input type="text" name="tel" size="20"><br />
06            邮编：<input type="text" name="pc" maxlength="6"><br />
07            个人主页：<input type="text" name="url" value="http://">
08        </form>
09    </body>
```

例4-1创建了4个单行文本框，其中第05行代码设置了电话文本框的长度，第06行代码限制了邮编文本框最多能输入6个字符，第07行代码设置了个人主页的默认值为http://，运行效果如图4-4所示。

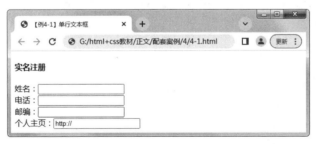

图 4-4 单行文本框效果

4.3.2 密码框

当type属性值为password时，<input>标签将创建一个密码框。密码框会以"*"或"●"符号回显所输入的字符，从而起到保密的作用。语法格式如下：

```
<input type=" password" name="密码框名称" >
```

密码框具有和文本框一样的属性，如例4-2所示。

【例 4-2】密码框

```
01    <body>
02        <h4>用户登录</h4>
03        <form action="" name="">
04            用户名: <input type="text" name="username"><br />
05            密码: <input type="password" name="pwd">
06        </form>
07    </body>
```

第05行代码创建了一个密码框。例4-2的运行效果如图4-5所示。

图 4-5　密码框效果

4.3.3　文件域

当type属性值为file时，<input>标签将创建一个文件域。它允许用户从本地计算机选择一个或多个文件上传到服务器。语法格式如下：

```
<input type="file" name="文件域名称" >
```

要将文件上传到服务器端，必须将表单的enctype 属性值设置为multipart/form-data，将method方法设置为post。

【例 4-3】文件域

```
01    <body>
02        <form action="" name="" enctype="multipart/form-data" method="post">
03            请上传头像: <input type="file" name="photo">
04        </form>
05    </body>
```

第03行代码创建了一个文件域，要上传文件，只需单击图中的"选择文件"按钮，然后在计算机中找到要上传的文件即可。例4-3的运行效果如图4-6所示。

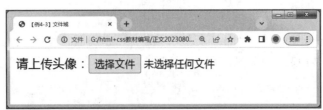

图 4-6　文件域效果

4.3.4　单选按钮和复选框

1. 单选按钮

当type属性值为radio时，<input>标签将创建一个单选按钮，用于在一组选项中进行单项（互斥）选择，每个单选按钮用一个圆框表示。语法格式如下：

```
<input type="radio" name="" value="" >
```

单选按钮常用属性如下：

● value：选中项目后传到服务器端的值。
● checked：选中状态（默认不选中）。

checked属性用于表示此项的选中状态，如果某项设置了checked="checked"（在HTML5中，checked属性可以不用设置值，即直接在标签中添加checked属性即可），则表示选中。同一组单选按钮中只能有一个单选项被选中。同一组的单选按钮的name属性必须设置为相同的值，否则无法实现互斥。

2. 复选框

当type属性值为checkbox时，<input>标签将创建一个复选框，用于在一组选项中进行多项选择，每个复选框用一个方框表示。语法格式如下：

```
<input type=" checkbox " name="" value="" >
```

复选框的checked属性和value属性与单选按钮一样。同一组复选框的name属性可以设置为相同值，也可以设置为不同值。

【例 4-4】单选按钮和复选框

```
01    <body>
02      <form  action="" name="" method="" >
03          你了解留守儿童吗<br />
04          <input type="radio" value="1" name="test" />有专门了解<br />
05          <input type="radio" value="2" name="test" />了解过<br />
06          <input type="radio" value="3" name="test" />听说过，但不太清楚<br />
07          <input type="radio" value="4" name="test" />完全不了解<br />
08          你认为作为一名大学生，应从哪些方面帮助留守儿童：<br />
09          <input type="checkbox" value="5" name="m1" checked="checked" />
义务家教<br />
10          <input type="checkbox" value="6" name="m2" />捐赠图书文具<br />
11          <input type="checkbox" value="7" name="m3" checked/>带他们参观有教
育性的展馆(如博物馆)<br />
12          <input type="checkbox" value="8" name="m3" checked />做社会调查，通
过别的机构帮助他们
13      </form>
14    </body>
```

第04~07行代码创建了一组名为"test"的单选按钮，默认没有选中项；第09~12行代码创建了

一组复选框，默认选中了3项。其中，"有专门了解"等是显示在页面中的内容，value值是提交给服务器的值。例4-4的运行效果如图4-7所示。

由图4-7可知，页面上有两项表单内容，在视觉上容易产生混淆，因此需要对表单分组，将表单上的元素在形式上进行组合，以达到一目了然的效果。常见的分组标签有 `<fieldset>` 和 `<legend>`，语法格式如下：

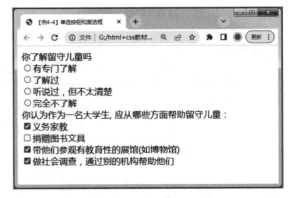

图 4-7   单选按钮和复选框效果

```
<fieldset>
    <legend>分组标题</legend>
    ...
</fieldset>
```

【例 4-5】 `<fieldset>`标签

```
01    <body>
02        <form  action=""  name=""  method="" >
03            <fieldset>
04                <legend>你了解留守儿童吗</legend>
05                <input type="radio" value="1" name="test" />有专门了解<br />
06                <input type="radio" value="2" name="test" />了解过<br />
07                <input type="radio" value="3" name="test" />听说过，但不太清楚<br
/>
08                <input type="radio" value="4" name="test" />完全不了解
09            </fieldset>
10            ...
11        </form>
12    </body>
```

例4-5的运行效果如图4-8所示。

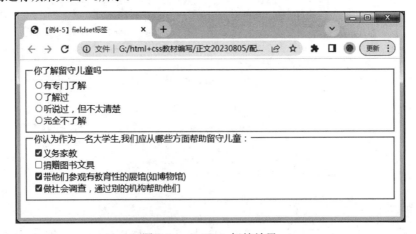

图 4-8   `<fieldset>`标签效果

4.3.5　隐藏域

当type属性值为hidden时，<input>标签将创建一个隐藏域。隐藏域不会被浏览者看到，它用于在不同页面中传递域中所设定的值。语法格式如下：

```
<input type="hidden" name="隐藏域名称" value="域值">
```

示例代码如下：

```
<input type="hidden" name="postId" value="34657" />
```

4.3.6　按钮

表单中的按钮按照功能分为普通按钮、重置按钮、提交按钮和图像按钮4类。

1. 普通按钮

当type属性值为button时，<input>标签将创建一个普通按钮。普通按钮需要配合JavaScript脚本对表单执行处理操作。语法格式如下：

```
<input type="button" value="按钮显示文本">
```

【例4-6】普通按钮

```
01    <body>
02        <form action="" name="" >
03            <input type="button" value="删除" onclick="confirm('确认删除吗？')">
04        </form>
05    </body>
```

第03行代码创建了一个普通按钮，按钮的文本显示为"删除"。结合JavaScript脚本，单击该按钮时会弹出一个窗口，如图4-9所示。

图4-9　普通按钮效果

2. 重置按钮

当type属性值为reset时，<input>标签将创建一个重置按钮。重置按钮用于清除表单中输入的所有内容，将表单内容恢复成加载页面时的最初状态。语法格式如下：

```
<input type=" reset " name="" value="按钮显示文本" >
```

3. 提交按钮

当type属性值为submit时，<input>标签将创建一个提交按钮。提交按钮用于将表单数据提交到指定服务器处理程序或指定客户端脚本进行处理。语法格式如下：

```
<input type=" submit " name="" value="按钮显示文本" >
```

【例4-7】提交按钮和重置按钮

```
01   <body>
02      <form action="1.php" name="" method="get" >
03         <input type="text" name="wd">
04         <input type="submit" value="搜索">
05         <input type="reset" value="重置">
06      </form>
07   </body>
```

本例运行效果如图4-10所示。第04~05行代码分别创建了一个提交按钮和重置按钮。单击"重置"按钮会清除表单中所输入的内容。单击"搜索"按钮将跳转到"1.php"处理表单数据。由于默认是"GET"方式提交，提交的数据会在地址栏中的"？"后面显示，每一个提交的表单元素的数据以"参数名=参数值"的形式表示，多个参数之间以"&"隔开，如图4-11所示。

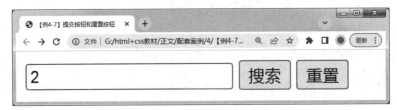

图 4-10　运行效果

图 4-11　单击"搜索"按钮效果

4. 图像按钮

除了上述3种按钮外，还有一种图像按钮，当type属性值为image时，<input>标签将创建一个图像按钮。语法格式如下：

```
<input type="image" src="" alt="">
```

图像按钮外形以图像表示，功能与提交按钮一样，具有提交表单数据的作用，但它比提交按钮更加美观。使用CSS，其他按钮也可以获得图像按钮的外观效果。

【例4-8】图像按钮

```
01   <body>
02      <form action="" name="" method=" " >
03         用户名:<input type="text" name="username"><br />
```

```
04          <input type="image" src="login-button.png" alt="" width="86px">
05      </form>
06  </body>
```

第04行代码创建了一个图像按钮。例4-8的运行效果如图4-12所示。

图 4-12 图像按钮效果

5. <button>标签

除了可以使用<input>标签创建提交按钮、普通按钮和重置按钮之外，还可以使用<button>标签创建这3类按钮。语法格式如下：

```
<button type="submit|button|reset"  name="名称" value="初始值">文本|图片|标
签...</button>
```

type属性值可取submit（默认值）、button和reset，分别代表提交按钮、普通按钮和重置按钮。

【例 4-9】<button>标签

```
01  <body>
02      <form action="" name="" method=" ">
03          <input type="image" src="login-button.png" alt="" width="86px">
04          <button><img src="login-button.png" alt=""
width="86px"></button><br/>
05          <input type="button" value="普通按钮">
06          <button type="button"><span>普通按钮</span></button><br/>
07          <input type="reset" value="重置">
08          <button type="reset">重置</button>
09      </form>
10  </body>
```

例4-9的运行效果如图4-13所示。从图中可知，<button>标签创建的图像按钮存在默认样式，其余情况和<input>标签创建的按钮一致。

图 4-13 <button>标签效果

注意：<button>元素可以直接在其开始和结束标签之间嵌入文本、HTML 标记（如图标、图像、多媒体内容等），允许创建包含复杂布局和富媒体的按钮。

<input type="button">元素只能通过其 value 属性来定义按钮上的文本，不能包含任何其他 HTML 内容，表现为一个简单的、纯文本的按钮。

4.3.7　HTML5 新增输入元素

HTML5对<input>标签的type属性值进行了扩展，添加了新的表单控件元素，新增的输入元素如下：

- email：用于应该包含电子邮件地址的输入字段。
- url：用于应该包含 URL 地址的输入字段。
- tel：用于应该包含电话号码的输入字段。
- range：用于应该包含一定范围内的值的输入字段。
- number：用于应该包含数字值的输入字段。
- color：用于应该包含颜色的输入字段。
- date：用于应该包含日期的输入字段。
- week：允许用户选择周和年。
- month：允许用户选择月份和年份。
- time：允许用户选择时间（无时区）。

1. email、url、tel

当<input>标签的type属性值为email时，表示用于邮箱地址的文本字段。当提交的内容不是正确的email值时，默认会有提示信息显示，并阻止提交。

当<input>标签的type属性值为url时，表示用于链接地址的文本字段。当提交的内容不是正确的url值时，默认会有提示信息显示，并阻止提交。

当<input>标签的type属性值为tel时，表示用于电话号码的文本字段，在移动端会显示对应的数字键盘。当提交的内容不是正确的电话号码值时，不会有提示信息显示。

【例 4-10】email、url、tel

```
01   <body>
02      <form action="" name="" method="">
03         电子邮箱: <input type="email" name="" id=""><br/>
04         个人主页: <input type="url" name="" id=""><br/>
05         手机号码: <input type="tel" name="" id=""><br/>
06          <input type="submit" value="提交">
07      </form>
08   </body>
```

例4-10的运行效果如图4-14所示。

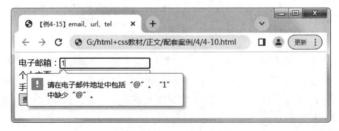

图 4-14　运行效果

2. color、range、number

当<input>标签的type属性值为range时，展示为滑块拖动的效果。

当<input>标签的type属性值为number时，表示一个用于输入数字的文本字段，这种number类型的输入框会在右侧显示上下调节按钮，以方便用户微调数字的值。min属性用于指定该数字字段可接受的最小值，max属性用于指定可接受的最大值。

当<input>标签的type属性值为color时，展示为获取颜色值的效果。当单击颜色块时，会弹出颜色的面板层。

【例 4-11】color、range、number

```
01  <body>
02    <form action=""  name="" method="" >
03      喜欢的颜色<input type="color" name="" id=""><br/>
04      工作的年限<input type="range" name="" min="1" max="50"><br/>
05      期望的薪资<input type="number" name="" min="2000" max="8000"><br/>
06       <input type="submit" value="提交">
07    </form>
08  </body>
```

例4-11的运行效果如图4-15所示。

图 4-15　运行效果

3. date、week、month、time

当<input>标签的type属性值为date、week、month、time时，表示日期和时间的文本字段。这几种类型的标签都提供单击后弹出选择框的效果。

【例 4-12】date、week、month、time

```
01  <body>
02    <form action="" name="" >
03      <input type="date" name="" >
04      <input type="week" name="" >
05      <input type="month" name="" >
06      <input type="time" name="" >
07    </form>
08  </body>
```

例4-12的运行效果如图4-16所示，单击这几个元素，都会弹出相应的选择框。

图 4-16　运行效果

4.4　<datalist>标签

<datalist>标签是一种用来为文本输入框提供选项列表的标签，与input元素配合使用来定义input可能的值。当用户在文本输入框中输入内容时，浏览器会自动弹出一个下拉菜单，这个下拉菜单会显示之前定义好的选项列表，用户可以在选项列表中选择某项作为输入内容。<datalist>标签的语法格式如下：

```
<input  list="list_name" name="" />
<datalist id="list_name">
   <option value="option1">
   <option value="option2">
   ...
</datalist>
```

<input>标签和<datalist>标签配合使用时，<input>标签中的list属性的值必须等于<datalist>标签中的id值，才能关联上选项列表。<option>标签用来定义下拉菜单中的选项，选中项的value属性值会提交给服务器。

【例 4-13】<datalist>标签

```
01  <body>
02      <form action="" name="" >
03          <input  list="tc" name="test" />
04          <datalist id="tc">
05              <option value="HTML">
06              <option value="JavaScript">
07              <option value="CSS">
08          </datalist>
09          <input type="submit" value="提交">
10      </form>
11  </body>
```

第03行的<input>标签中的list属性的值等于第04行<datalist>标签的id值，因此关联上了选项列表。例4-13的运行效果如图4-17所示，单击输入框，会弹出定义好的选项列表。

图 4-17　运行效果

4.5　<label>标签

<lable>标签用于为表单input元素添加说明，它不会向用户呈现任何特殊的样式或增加任何内容，作用仅是扩展元素的选取范围。用户单击这个说明（文本）后，就可以实现将光标聚焦到对应的input元素上。

<lable>标签有隐式和显式两种形式。隐式形式使用<label>包含所设置的输入元素。显式形式使用<label>设置输入元素的标签文本，并通过<label>的for属性值与输入元素的id属性值一致来绑定输入元素。

【例 4-14】<label>标签

```
01  <body>
02      <h2>HTML5 之前的 HTML 版本是？</h2>
03      <form action="" name="" method="">
04          <input type="radio" value="" name="test">HTML4.01<br/>
05          <input type="radio" value="" name="test">HTML4<br/>
06          <label>
07              <input type="radio" value="" name="test">HTML4.1<br/>
08          </label>
09          <input type="radio" value="" name="test" id="forth">
10          <label for="forth">HTML4.9</label>
11      </form>
12  </body>
```

例4-14创建了4个单选按钮。第04、05行代码创建的单选按钮没有设置<lable>标签，因此用户单击文本"HTML4.01"和"HTML4"时不会选中此单选按钮。第06~08行代码创建的单选按钮采用隐式写法设置了<lable>标签，因此用户单击文本"HTML4.1"时可以选中此单选按钮。第09、10行代码创建的单选按钮采用显式写法设置了<lable>标签，因此用户单击文本"HTML4.9"时会选中此单选按钮。第10行代码中属性for的值是绑定的输入元素的id属性值。运行效果如图4-18所示。

图 4-18　运行效果

💡 **注意：** <label>标签提供了文本描述，扩大了单击区域。它不仅提高了用户体验，还增强了表单的可访问性。

4.6　选择列表标签

选择列表标签用于创建选择列表。选择列表允许访问者从列表选项中选择一项或几项，它的作用等效于单选按钮（单选时）或复选框（多选时）。当选项比较多时，相对于单选按钮和复选框来说，选择列表可以节省很大的空间。

创建选择列表需要使用<select>和<option>标签。<select>标签用于声明选择列表是否可多选，以及一次可显示的列表选项数；而<option>标签用于设置选择列表中的各选项的值以及是否为默认选项。它们的常用属性如表4-3所示。

表 4-3　选择列表标签常用属性

标　　签	属　　性	描　　述
select	name	规定下拉列表的名称
	multiple	规定可选择多个选项
	size	规定下拉列表中可见选项的数目
option	value	定义送往服务器的选项值
	selected	规定选项表现为选中状态

选择列表根据是否可以多选，可以分为以下两种形式：下拉列表和多项选择列表。

1. 下拉列表

下拉列表是指一次只能选择一个选项，且一次只能显示一个选项的选择列表。语法格式如下：

```
<select name="列表名称">
    <option value="选项1的值" [selected="selected"]>选项1</option>
    <option value="选项2的值" [selected="selected"]>选项2</option>
    ...
</select>
```

<select>标签中的size属性值默认为1，下拉列表可以不用设置该属性。下拉列表的默认选中项只能有一个，若不设置，则默认选中第一项。

【例 4-15】下拉列表

```
01   <body>
02       <form action="" name="" method="">
03           您的最高学历/学位：
04           <select name="degree">
05               <option value="1">博士后</option>
```

```
06              <option value="2" selected>博士</option>
07              <option value="3">硕士</option>
08              <option value="4">学士</option>
09              <option value="0">其他</option>
10          </select>
11      </form>
12  </body>
```

第04行代码创建了1个下拉列表，列表只显示1项。"博士"选项已默认被选中，其他选项则被隐藏起来，要查看或选择其他选项，需单击下拉箭头。例4-15的运行效果如图4-19所示。

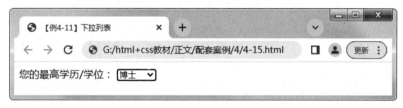

图 4-19　下拉列表

注意：下拉列表在不同浏览器下的表现形式是不一样的，通常情况下会使用其他元素结合 CSS、JavaScript 来模拟下拉列表。

如果需要对下拉列表的选项进行分组，可以在下拉列表中使用<optgroup>标签。<optgroup>标签用于定义选项组，必须嵌套在<select>标签中，可以嵌套多个。<optgroup>标签有一个必需的属性label，用于定义具体的组名。

【例 4-16】下拉列表选项分组

```
01  <body>
02      <form action="" name="" method="">
03          城区：<br />
04          <select name="area">
05              <optgroup label="北京">
06                  <option value="1">东城区</option>
07                  <option value="2">西城区</option>
08                  <option value="3">朝阳区</option>
09                  <option value="4">海淀区</option>
10              </optgroup>
11              <optgroup label="上海">
12                  <option value="5">浦东新区</option>
13                  <option value="6">徐汇区</option>
14                  <option value="7">虹口区</option>
15              </optgroup>
16          </select>
17      </form>
18  </body>
```

在例4-16中，下拉列表中的选项被清晰地分成了"北京"和"上海"2个组，效果如图4-20所示。

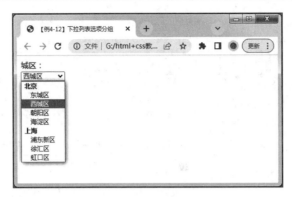

图 4-20　下拉列表选项分组

2. 多项选择列表

多项选择列表是指一次可以选择多个列表选项，且一次可以显示1个以上选项的选择列表。语法格式如下：

```
<select name="列表名称" multiple="multiple" size="显示的选项数目">
    <option value="选项1的值" [selected="selected"]>选项1</option>
    <option value="选项2的值" [selected="selected"]>选项2</option>
    ...
</select>
```

<select>标签中的size属性取值大于或等于1，通常会大于1，否则用户体验很差。在HTML5中，multiple属性可以不用设置值，直接在标签中添加multiple属性即可。如果标签中包含了multiple属性，那么按住Shift或Ctrl键时，列表可实现多项选择；如果标签中没有multiple属性，则只能是单项选择。selected属性用于设置选项是否为默认选中项。在HTML5中，selected属性和multiple属性一样，可以在标签中只写属性名。当列表可选择多项时，可以在一到多个<option>标签中设置selected属性，否则最多只能有一个<option>标签设置该属性。value属性可选，如果没有设置，就提交选项的文本内容。

【例 4-17】多项选择列表

```
01  <body>
02      <form action="" name="" method="">
03          你参加学校学生组织的原因（多选）<br/>
04          <select name="question" size="7"  multiple>
05              <option value="1" selected>锻炼自己各方面的能力</option>
06              <option value="2">认识更多的朋友</option>
07              <option value="3"  selected>增加综合测评分数</option>
08              <option value="4" >学长学姐的引导</option>
09              <option value="5">班委或学校的要求</option>
10              <option value="6"  selected>对活动和组织感兴趣</option>
11              <option value="7">其他</option>
12          </select>
13      </form>
14  </body>
```

第04行代码创建了1个多项选择列表，列表一次显示7项，并且默认选中3项。例4-17的运行效果如图4-21所示。

图 4-21　多项选择列表

4.7　多行文本框标签

输入内容较多时，通常使用多行文本框，例如发表评论或反馈意见等。在表单中，使用 <textarea>标签可以制作一个多行多列的文本输入区域。语法格式如下：

```
<textarea name="文本域名称" cols="字符数 " rows="行数">文本</textarea>
```

rows属性用于设置可见行数，当文本内容超出这个值时，将显示垂直滚动条。cols属性用于设置一行可输入多少个字符。标签对之间可以输入文本，也可以不输入，如果输入，就将作为默认文本显示在文本域中。另外，rows和cols属性都可以不设置，而改用CSS控制。

【例 4-18】多行文本框

```
01   <body>
02     <form action="" name="" method="">
03       发表评论：<textarea name="remark"  cols="20" rows="5">请使用文明用语...
</textarea>
04     </form>
05   </body>
```

第03行代码创建了1个5行文本框，每行最多可输入20个字符，并设置了默认文本。例4-18的运行效果如图4-22所示。

图 4-22　多行文本框

> 注意：在不同浏览器中，多行文本框的 rows 和 cols 属性的默认值不同，外观也有所不同。可以使用第三方富文本编辑器来代替，以提升用户体验。

4.8　表单常用属性

1. readonly 和 disabled 属性

readonly属性适用于可以输入文本的表单元素，用于设置元素为只读，用户不能修改。

disabled属性适用于任何表单元素，用于设置元素不可用，默认样式是元素变灰。不可用的表单元素数据不会提交给服务器。

【例 4-19】readonly 和 disabled 属性

```
01    <body>
02        <form action="" name="" >
03            <h4>readonly属性的应用: </h4>
04            <input type="text" name="input1" value="中国" readonly />
05            <h4>disabled属性的应用: </h4>
06            <input type="text" name="input2" value="china" disabled /><br />
07            <input type="submit" value="提交按钮1" />
08            <input type="submit" value="提交按钮2" disabled />
09        </form>
10    </body>
```

第04行代码创建了一个具有只读属性的单行文本框，用户不可编辑。第06行代码设置文本框不可用，因此页面显示灰色样式，并且不能将数据"china"提交给服务器。第08行代码设置按钮不可用，因此页面显示灰色样式，并且按钮无法单击。例4-19的运行效果如图4-23所示。

图 4-23　运行效果

2. placeholder 属性

placeholder属性用于在文本框或文本域中提供输入提示信息，以增加用户界面的友好性。当表单元素获得焦点时，显示在文本框或文本域中的提示信息将自动消失；当表单元素内没有输入内容且失去焦点时，提示信息又将自动显示。

【例 4-20】placeholder 属性

```
01    <body>
02        <form action="" name="" method="">
03            姓名: <input type="text" placeholder="请输入您的真实姓名"
name="username"><br>
04            电话: <input type="text" placeholder="请输入您的手机号码"
name="tel"><br>
05            备注: <textarea placeholder="输入内容不能超过150个字符" rows="5"
06    cols="30"></textarea><br>
07            <input type="submit" value="提交">
08        </form>
```

```
09    </body>
```

例4-20的运行效果如图4-24所示。

图 4-24   运行效果

3. required 属性

required属性用于验证input、select、textarea等表单元素的内容是否为空。如果为空，浏览器会有提示信息，并阻止表单提交。

【例 4-21】required 属性

```
01    <body>
02      <form action=""  name=""  method="">
03         姓名：<input type="text" required name="username"><br>
04         <input type="submit" value="提交">
05      </form>
06    </body>
```

例4-21的运行效果如图4-25所示。

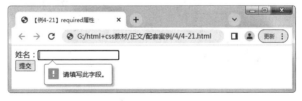

图 4-25   运行效果

4. autofocus 属性

autofocus属性可以使textarea和input表单元素自动获得焦点。一个页面中最多只能有一个表单元素设置autofocus属性，否则该功能将失效，建议对第一个input元素设置autofocus属性。

【例 4-22】autofocus 属性

```
01    <body>
02      <form action=""  name=""  method="">
03         用户名：<input type="text" name="username" autofocus> <br />
04         密  码：<input type="password" name="password"> <br />
05         <input type="submit" value="提交">
06      </form>
```

```
07    </body>
```

例4-22的运行效果如图4-26所示，页面加载后，用户名文本框自动获得焦点，光标显示在用户名文本框中。

图 4-26　运行效果

5. pattern 属性

pattern属性是input元素的验证属性，该属性的值是一个正则表达式，通过这个表达式可以验证输入内容的有效性。根据具体校验要求，设置对应的正则表达式。title属性不是必需的，但为了提高用户体验，建议设置这个属性。

【例 4-23】pattern 属性

```
01    <body>
02      <form action=""  name=""  method="" >
03        用户名:<input type="text" pattern="^[a-zA-Z]\w{2,7}" title="必须
以字母开头，包含字符或数字，长度是3~8" name="username" > <br />
04        <input type="submit" value="提交">
05      </form>
06    </body>
```

例4-23的运行效果如图4-27所示。"^[a-zA-Z]\w{2,7}"是一个正则表达式，单击"提交"按钮后，如果用户名内容不符合正则表达式的要求，则浏览器会弹出相应提示，并阻止表单提交。

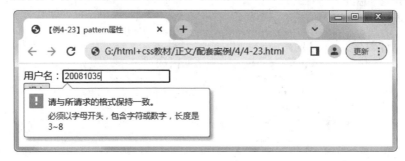

图 4-27　运行效果

4.9　实战案例："大学生参军网站"网上咨询表单

1. 案例呈现

"大学生参军网站"网上咨询表单效果如图4-28所示。本节综合本章所介绍的表单元素，完成网上咨询表单的内容制作。

2. 案例分析

由图4-28可知，表单共6行，每一行可以采用<div>标签，行内嵌套相应的表单元素。应征地

使用4个<select>标签实现省、市、县、乡的选择；咨询对象使用1个<select>标签实现；咨询分类使用1个<select>标签实现；标题使用1个单行文本框实现；问题描述使用1个<textarea>标签实现；最后是1个"提交"按钮和1个"重置"按钮。

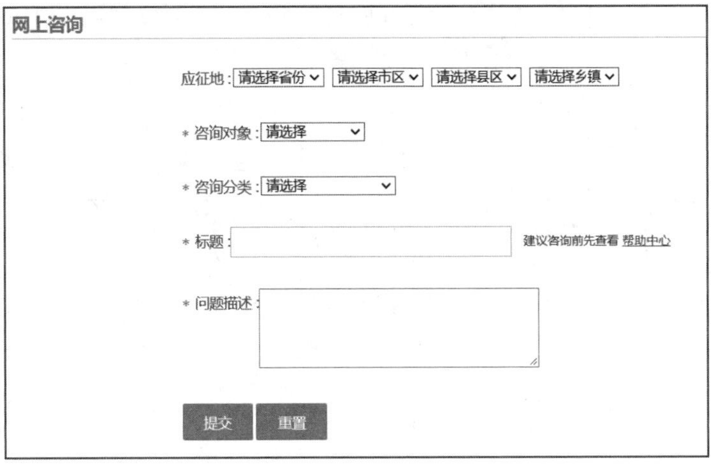

图 4-28 网上咨询表单效果

3. 案例实现

HTML代码如下：

```
01  <form action="" >
02    <p>
03      <label >应征地 : </label>
04      <select name="" >
05        <option value="">请选择省份</option>
06        <option value="9047">北京</option>
07        ...（省略option）
08      </select>
09      <select name="" >
10        <option value="">请选择市区</option>
11      </select>
12      <select name="">
13        <option value="">请选择县区</option>
14      </select>
15      <select name="">
16        <option value="">请选择乡镇</option>
17      </select>
18    </p>
19    <p >
20      <label > *咨询对象 : </label>
21      <select name="">
22        <option>请选择</option>
23        <option value="1">国防部征兵办</option>
24        <option value="2">学信网客服</option>
25      </select>
26    </p>
```

```
27          <p >
28              <label> *咨询分类 : </label>
29              <select name="">
30                  <option value="">请选择</option>
31                  <option value="1">年龄</option>
32                  ...（省略option）
33              </select>
34          </p>
35          <p >
36              <label > *标题 : </label>
37              <input type="text" name="title"  style="width:260px;" />
38              <span > 建议咨询前先查看 <a href="https://www.gfbzb.gov.cn/
help/index.action"
39                          target="_blank">帮助中心</a> </span>
40          </p>
41          <p ">
42              <label > *问题描述 :</label>
43              <textarea  rows="5"></textarea>
44          </p>
45          <p >
46              <input type="submit" class="ui-button" value="提交">
47              <input type="reset" class="ui-button" value="重置">
48          </p>
49      </form>
```

上述代码效果如图4-29所示。图4-29是各元素在浏览器中的默认样式，和图4-28相比，由于没有CSS美化，因此不太美观，例如"提交"按钮和"重置"按钮没有背景色等。页面涉及的CSS美化部分详见本书6.6节的内容。

图 4-29　网上咨询表单效果

4.10　本 章 小 结

本章主要介绍了表单的制作方法。表单是网站很重要的应用之一，它可以实现交互功能。需要注意的是，本章内容只涉及表单的设置，不涉及具体功能的实现。例如要实现一个留言板功能，必须有服务器端程序的配合。至于表单的美化，将在6.4节详细介绍。

第**5**章

CSS3 基础

HTML用于定义网页内容和结构，CSS用于设计风格和布局。在使用HTML标签制作页面之后，可以使用CSS把它装扮得精美、漂亮，例如添加雅致的背景颜色、细腻精致的边框效果等。本章将介绍CSS语法规则、CSS引入方法和CSS基本选择器。

本章学习目标

- 了解 CSS 历史，能够说出 CSS 的由来。
- 掌握 CSS 样式规则，能够书写规范的 CSS 样式代码。
- 掌握 CSS 引入方法，能够使用 3 种方法引入 CSS。
- 掌握 CSS 基本选择器的用法，能够精准选中元素。

5.1 CSS 概述

CSS（Cascading Style Sheets），中文译为"层叠样式表"，是将网页结构与网页样式分离的一种样式设计语言。它主要是对HTML标记的内容进行更加丰富的装饰，可以控制HTML页面中的文本内容、图像以及版面布局等外观的显示样式。

1. CSS 的由来

在CSS出现前，为解决网页表现形式的问题，可以使用HTML标签的属性。例如要实现文本居中，可以使用align属性或\<font\>标签等，示例代码如下：

```
<p align="center"></p>
```

以修改文字颜色为例，若要修改网页的文字颜色，就只能把网站中所有用来修饰文字的属性或<font>标签找出来并一一修改，一段时间后，可能又需要将网页的文字修改为其他颜色，这样又得重复前面的工作。可以想象，使用这种方式修改网页元素的格式，不管是对开发人员还是对维护人员，都将是一个噩梦。由此可见，在一个网页中混杂大量结构标签与表现标签，必将为以后的维护工作埋下隐患。

为解决这些弊端，W3C组织在Web标准中引入了CSS规范。这套规范明确规定：HTML标签用于确定网页的结构和内容，而CSS则用于决定网页的表现形式。因此，标签的显示属性和<font>等标签已废弃，不再推荐使用。

2. CSS 的发展历程

CSS的发展经过了以下6个历程：

（1）CSS最早被提议是在1994年，最早被浏览器支持则是在1995年。

（2）1996年12月，W3C发布了CSS1.0规范。

（3）1998年5月，W3C发布了CSS2.0规范。

（4）2004年2月，W3C发布了CSS2.1规范。

（5）2001年5月，W3C开始进行CSS3标准的制定。

（6）CSS3的开发朝着模块化发展，以前的规范在CSS3中被分解为一些小的模块，同时CSS3中加入了许多新的模块。自2001年至今，不断有CSS3模块的标准发布。

3. CSS 的优点

1）样式和结构分离

CSS和HTML各司其职，分工合作，分别负责样式和结构。样式和结构的分离，有利于样式的重用及网页的修改维护。

2）精确控制页面布局

CSS扩展了HTML的功能，能够对网页的布局、字体、颜色、背景等实现更加精确的控制。

3）制作体积更小、下载更快的网页

使用CSS后，不但可以在同一个网页中重用样式信息，而且在将CSS样式信息制作为一个样式文件后，还可以在不同的网页中重用样式信息。此外，还可以极大地减少表格布局标签、表现标签以及许多用于设置样式的标签属性。这些变化极大地减小了网页的体积，使网页的加载速度更快。

4）实现许多网页的同时更新

利用CSS样式表，可以将站点上的多个网页都指向同一个CSS文件，从而在更新这个CSS文件时，实现对多个网页的同时更新。

5.2　CSS 语法规则

CSS对网页的样式设置是通过一条一条的CSS规则来实现的。每条CSS规则包括选择器和属性声明两个组成部分。若干条CSS规则就构成了一个样式表。语法格式如下：

```
选择器{
    属性1: 属性值1;
    属性2: 属性值2;
    ...
}
```

选择器指定对哪些网页元素进行样式设置。每条属性声明实现对网页元素进行某种特定格式的设置，由属性和值组成，属性和值之间使用冒号隔开，不同声明之间用分号分隔，所有属性声明放到一对花括号中。为了增强CSS样式的可读性和维护性，一般每行只写一条属性声明，并且在每条声明后面使用分号结尾。

假设要对HTML页面中的段落元素进行样式设置，例如将文字颜色为红色，将字体大小设置为22px，代码如下：

```
p{
    color: red;
    font-size: 22px;
}
```

上述CSS代码中，使用p元素作为选择器，它包含两条属性声明，分别实现了段落文本的颜色和字体大小的设置。

💡 注意：　选择器、属性名、属性值全部推荐使用小写字母书写。

5.3　CSS 样式的引入方法

CSS样式的引入方法主要有行内式、内嵌式、外链式3种，而这3种方法引入的样式表分别被称为行内样式表、内部样式表、外部样式表。

5.3.1　行内样式表

行内样式表使用HTML标签的style属性设置样式，语法格式如下：

```
<标签名 style="属性1:属性值1; 属性2:属性值2;..." ...>
```

【例 5-1】行内样式表

```
01  <body>
02      <p>初心不与年俱老，奋斗永似少年时</p>
03      <p style="font-size: 20px;">初心不与年俱老，奋斗永似少年时</p>
04      <p style="font-size: 25px;">初心不与年俱老，奋斗永似少年时</p>
05  </body>
```

第02行代码没有使用CSS样式，<p>标签内容以浏览器默认文字大小显示。第03、04行代码使用行内式设置了文字大小。例5-1的运行效果如图5-1所示。

💡 **注意**：行内样式表的优点是可以单独设置某个标签的样式，缺点是没有发挥 CSS 统一设置样式的优势，没有实现样式和结构的分离。

图 5-1　行内样式表

5.3.2　内部样式表

内部样式表通过在\<head\>中使用\<style\>标签将CSS样式嵌入HTML文档中，语法格式如下：

```
<style>
    选择器{
        属性1：属性值1；
        属性2：属性值2；
        ...
    }
</style>
```

【例 5-2】内部样式表

```
01    <head>
02        <style type="text/css">
03          p {
04              font-size: 25px;
05          }
06        </style>
07    </head>
08    <body>
09        <div>乘历史大势行稳，走人向正道致远</div>
10        <p>乘历史大势行稳，走人向正道致远</p>
11        <p>乘历史大势行稳，走人向正道致远</p>
12    </body>
```

第02~06行代码使用\<style\>标签定义了内部样式，它对整个页面都有效。第09行代码没有使用CSS样式，\<div\>标签内容以浏览器默认文字大小显示。第10、11行代码的\<p\>标签均应用了内部样式表定义的段落文字大小。例5-2的运行效果如图5-2所示。

💡 **注意**：内部样式表的优点是有利于统一设置单个网页的格式，缺点是不能统一设置多个网页的格式。

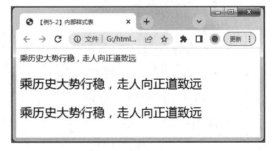

图 5-2　内部样式表

5.3.3　外部样式表

外部样式表通过在<head>中使用<link>标签将一个外部CSS文件引入HTML文档中，语法格式如下：

```
<link rel="stylesheet" href="css文件路径"/>
```

rel属性用于定义当前文档与被链接文档之间的关系，在这里需要指定为"stylesheet"，表示被链接的文档是一个样式表文件。属性href用于指定所链接的CSS文件路径。CSS文件的扩展名为".css"。

打开全国征兵网，查看其源码，可以看到引入的外部样式表，如图5-3所示。

图 5-3　引入外部样式表示例

【例 5-3】外部样式表

CSS文件源码：

```
01  p {
02      font-size: 25px;
03  }
```

HTML文件源码：

```
01  <head>
02    <link rel="stylesheet" href="1.css">
03  </head>
04  <body>
05    <div>愿与山海共秋色，不负韶华不染尘</div>
06    <p>愿与山海共秋色，不负韶华不染尘</p>
07    <p>愿与山海共秋色，不负韶华不染尘</p>
08  </body>
```

在HTML文件源码中，第02行代码使用<link>标签引入了外部样式表"1.css"文件，第06、07行代码的p标签均应用了外部样式表定义的段落文字大小。例5-3的运行效果如图5-4所示。

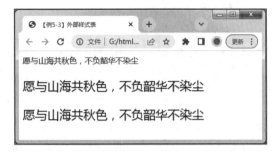

图 5-4　外部样式表

💡 **注意:** 外部样式表的优点是将 CSS 代码和 HTML 代码分离，便于日后的维护，因此它常用于网站统一设置多个网页的格式。

3种样式表的特点如表5-1所示。

表 5-1　3 种样式表的特点

样 式 表	优 点	缺 点	使用情况	控制范围
行内样式表	优先级高，不易被其他样式覆盖，书写方便	没有实现样式和结构的分离，一次只能设置一个元素，容易出现重复代码	较少	控制一个标签
内部样式表	结构和样式分离，一次可以设置多个元素	编写不太方便，需要上下翻找确定样式	较多	控制一个页面
外部样式表	实现结构和样式分离，更改一个页面的同时可以更改多个页面，大大提升了效率；可重复使用	需要引入，编写和查找不便；需要链接才可使用	最多	控制整个站点

5.4　CSS 基本选择器

CSS选择器用于查找需要设置样式的HTML元素，可以分为基本选择器、组合选择器、伪类选择器、伪元素选择器、属性选择器等。本节讲解CSS基本选择器，包括标签选择器、ID选择器、类选择器、通用选择器。其他选择器在后续章节详细介绍。

5.4.1　标签选择器

标签选择器使用HTML标签作为选择器，一个HTML标签对应一个标签选择器。语法格式如下：

```
HTML标签名{属性名1:属性值1; 属性名2:属性值2;...}
```

网页中的任何一个HTML标签都可以作为相应的标签选择器的名称，设置的样式对整个网页的同一种元素有效。

在例5-2中，第03行代码使用p标签名作为标签选择器，它会选中页面上所有的p元素。因此，第10、11行代码的<p>标签均应用了内部样式表定义的文字大小。

💡 **注意:** 标签选择器的优点是能为页面中同类型的标签统一设置样式，缺点是不能设计差异化样式。

5.4.2　ID 选择器

ID选择器的名称为元素的id属性值，它主要针对特定的元素进行样式设置。id属性值在一个HTML页面中必须唯一。语法格式如下：

```
#idname{属性名1:属性值1;属性名2:属性值2;...}
```

选择器名前的"#"是ID选择器的标识，不能省略；ID选择器名称的第一个字符不能使用数字；ID选择器名称区分大小写，不允许有空格。

【例 5-4】ID 选择器

```
01    <head>
02        <style type="text/css">
03            #test {
04                font-size: 25px;
05            }
06        </style>
07    </head>
08    <body>
09        <p id="test" >仰望历史的天空，家国情怀熠熠生辉；跨越时间的长河，家国情怀绵绵不
断。</p>
10        <p>仰望历史的天空，家国情怀熠熠生辉；跨越时间的长河，家国情怀绵绵不断。</p>
11    </body>
```

例5-4中有2个p元素，其中第1个设置了id属性，值为test。CSS通过匹配id属性值选中了第1个p元素，将其文字大小设置为25px，而对第2个p元素没有影响。例5-4的运行效果如图5-5所示。

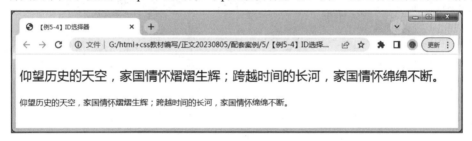

图 5-5　ID 选择器效果

💡 **注意：** ID 选择器一般用于页面唯一性的元素，经常和 JavaScript 搭配使用。

5.4.3　类选择器

类选择器的名称为元素的class属性值，它可以针对不同的元素进行同样的样式设置。语法格式如下：

```
.classname{属性名1:属性值1; 属性名2:属性值2;...}
```

选择器名称前的"."是类选择器的标识，不能省略；类选择器名称的第一个字符不能使用数字；类选择器名称区分大小写，不允许有空格。

【例 5-5】类选择器

```
01    <head>
02        <style type="text/css">
03            .test {
04                font-size: 25px;
05            }
06        </style>
07    </head>
08    <body>
09        <div class="test" >北斗全球组网，"九章"横空出世，嫦娥五号飞天揽月.......</div>
10        <p class="test" >北斗全球组网，"九章"横空出世，嫦娥五号飞天揽月...........</p>
11        <p>北斗全球组网，"九章"横空出世，嫦娥五号飞天揽月.................</p>
12    </body>
```

第09行的div元素和第10行的p元素均设置了class属性，值为test。CSS通过匹配class属性值选中了第9行的div元素和第10行的p元素，将其文字大小设置为25px，而对第11行的p元素没有影响。例5-5的运行效果如图5-6所示。

图 5-6　类选择器效果

class属性值中还可以包含多个类，即一个类名列表，各个类名之间用空格分隔。

【例 5-6】类名列表

```
01    <head>
02        <style type="text/css">
03            . font25 {
04                font-size: 25px;
05            }
06            .test {
07                font-style: italic;
08            }
09        </style>
10    </head>
11    <body>
12        <p class="font25 test" >北斗全球组网，"九章"横空出世，..............</p>
13        <p>北斗全球组网，"九章"横空出世，..............</p>
14    </body>
```

第12行的p元素设置了class属性值，值为类名列表"font25 test"。此时，它同时应用了这两个类选择器定义的样式，因而其文字大小为25px，字体样式为斜体。例5-6的运行效果如图5-7所示。

> 💡 **注意：** 类选择器的优点是可以为元素定义单独或相同的样式，可以选择一个或者多个标签。

图 5-7　类名列表效果

5.4.4　通用选择器

通用选择器用通配符"*"表示，它可以选择文档中的所有元素。语法格式如下：

*{属性名1:属性值1;属性名2:属性值2;...}

示例代码如下：

```
*{
    margin: 0; /* 设置所有元素外边距为0 */
    padding: 0; /*设置所有元素内边距为0  */
}
```

上述代码中，"/* */"表示CSS注释。

💡 **注意：**　　通用选择器设置方式简单，但对性能影响较大，所以在实际开发中不推荐使用。

淘宝网站实现此功能的代码如下：

blockquote,body,button,dd,dl,dt,fieldset,form,h1,h2,h3,h4,h5,h6,hr,input,legend,li,ol,p,pre,td,textarea,th,ul{margin:0;padding:0}

京东网站实现此功能的代码如下：

*{margin:0;padding:0}

CSS基本选择器的特点如表5-2所示。

表 5-2　CSS 基本选择器的特点

选 择 器	作　　用	使用情况	示　　例
标签选择器	可以选中所有相同的标签	较多	p { color：red;}
类选择器	可以选中 1 个或者多个标签	非常多	.test { color：red;}
ID 选择器	一次只能选择 1 个标签	较少	#test { color：red;}
通用选择器	选择所有的标签	较少	* { color：red;}

5.5　实战案例："大学生参军网站"公共样式表制作

"大学生参军网站"包含首页、兵役登记、参军政策等页面。每个页面都需要使用CSS进行修饰，本节介绍网站CSS样式表的制作过程。

（1）在网站目录下，创建文件夹CSS，用来存放外部样式表。

（2）在文件夹CSS下，创建网站公用样式表文件common.css和每个页面对应的CSS文件。

（3）common.css中包含网站的公用样式，例如内外边距、边框、字体、列表、超链接的样式等。common.css部分代码如下：

```
01   * {
02       margin: 0;/* 设置所有外边距为0 */
03       padding: 0; /* 设置所有内边距为0 */
04       border: 0/* 设置所有元素无边框 */
05   }
06   body {
07       font-family: "Microsoft yahei";/* 设置字体是微软雅黑 */
08       font-size: 16px; /* 设置字号*/
09       background: url("../images/bg.jpg") no-repeat top center/* 设置背景图
片 */
10   }
11   li, ul {
12       list-style: none/* 设置列表无项目符号 */
13   }
```

上述代码中，第01~05行代码使用通用选择器，设置页面中所有元素的内外边距为0，无边框；第06~10行代码使用标签选择器，设置页面中所有元素的字体、字号和网页背景图片；第11~13行代码使用分组选择器，设置页面中所有列表无项目符号。

（4）在每个页面的头部区域使用<link>标签，将common.css文件和页面对应的CSS文件引入HTML文档中。将主页引入CSS文件，示例代码如下：

```
<link rel="stylesheet" href="css/common.css">
<link rel="stylesheet" href="css/index.css">
```

5.6　本章小结

本章首先介绍了CSS的历史和特点，然后介绍了CSS的语法规则、引入方法和基本选择器，最后介绍了"大学生参军网站"公共样式表的制作过程。通过本章的学习，读者可以掌握基本选择器的使用方法。高级选择器将在第7章介绍。

第6章

CSS3 修饰页面元素

CSS设置网页中的元素样式需要通过CSS属性来实现，常用的CSS属性有字体、文本、列表、表格、盒子模型、定位和动画等。本章将介绍字体、文本、表格、表单、列表等CSS属性。

本章学习目标

- 掌握 CSS 字体样式及文本外观属性，能够控制页面中的文本样式。
- 掌握表格、表单及列表样式，能够美化表格、表单及列表。

6.1 CSS 字体样式

使用CSS字体属性，可以定义字体族、字体尺寸、字体粗细及字体风格等样式。常用的字体属性有font-weight、font-style、font-size、font-family和font。

6.1.1 字体粗细属性

使用font-weight属性可以设置字体的粗细，语法格式如下：

```
font-weight: normal|bold|bolder|lighter|number|inherit;
```

font-weight的各个取值的含义如下：

- normal：定义标准的字符（默认值）。
- bold：定义粗体字符。
- bolder：定义更粗的字符。
- lighter：定义更细的字符。

- 100~900：定义由细到粗的字符，400 等同于 normal，700 等同于 bold。
- inherit：从父元素继承字体的粗细。

文字不设置font-weight属性时，默认是标准字体。有些标签默认字体是加粗的，例如<h1>~<h6>标题标签，如果不希望标题文本加粗显示，可以使用font-weight: normal来清除加粗样式。

【例 6-1】font-weight

```
01    <head>
02        <style type="text/css">
03            #test1 {
04                font-weight: bold;
05            }
06            #test2 {
07                font-weight: normal;
08            }
09        </style>
10    </head>
11    <body>
12        <p id="test1">时代在变，我们的征途是星辰大海。</p>
13        <p id="test2">时代在变，我们的征途是星辰大海。</p>
14    </body>
```

例6-1的运行效果如图6-1所示。由图可知，第一行文字有明显的加粗效果。

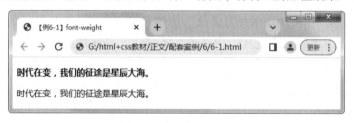

图 6-1　字体粗细效果

💡 **注意：** 使用<strong>标签实现的文本加粗是有语义的，而使用 CSS 实现的加粗效果是没有语义的。

6.1.2　字体风格属性

使用font-style属性可以设置字体为正常、斜体、倾斜或从父元素继承样式，语法格式如下：

```
font-style: normal | italic | oblique | inherit;
```

font-style的各个取值的含义如下：

- normal：浏览器显示一个标准的字体样式（默认值）。
- italic：浏览器显示一个斜体的字体样式。
- oblique：浏览器显示一个倾斜的字体样式。
- inherit：从父元素继承字体样式。

文字不设置font-style属性时，默认是标准字体样式。italic设置的斜体字体和oblique设置的倾斜字体在显示效果上几乎一样，通常使用italic。

【例6-2】font-style

```
01    <head>
02      <style type="text/css">
03        #test1 {
04            font-style:italic;
05        }
06        #test2 {
07            font-style:oblique;
08        }
09      </style>
10    </head>
11    <body>
12      <p id="test1">影响世界，年轻的你我或许都该这样追求。</p>
13      <p id="test2">影响世界，年轻的你我或许都该这样追求。</p>
14      <em>影响世界，年轻的你我或许都该这样追求。</em>
15    </body>
```

例6-2的运行效果如图6-2所示。<em>标签是一个具有强调语义的标签，除了在样式上会显示倾斜效果外，还会通过语气上特别加重来强调文本。

图 6-2　字体风格效果

注意：　使用<em>标签实现的文本倾斜是有语义的，而使用 CSS 实现的倾斜效果是没有语义的。

6.1.3　字体大小属性

使用font-size属性可以设置字体的大小，语法格式如下：

```
font-size: medium | length | 百分数 | inherit;
```

font- size各个取值的含义如下：

● medium：浏览器默认值。

● length：把 font-size 设置为一个固定的值。

● 百分数：把 font-size 设置为基于父元素的一个百分比值。

● inherit：从父元素继承字体尺寸。

1. medium

浏览器默认的字体大小通常为16px。如果不设置字体大小，同时父元素也没有设置字体大小，则字体大小使用该值。

2. length

字体最常用的属性值是length，数值越大，字体就越大。常用的属性值单位包括px、pt和em。

（1）px：主要用于计算机屏幕媒体。一个像素等于计算机屏幕上的一个点。像素是固定大小的单元，不具有可伸缩性，所以不太适应移动设备。

（2）pt：主要用于印刷媒体。一个点等于1英寸的1/72。它也是固定大小的单位，不具有可伸缩性，所以不太适应移动设备。

（3）em：主要用于Web媒体。em是相对长度单位，即相对于当前父元素文本的字体大小，1em就等于当前文字大小。如果父元素文本和当前文本的字体大小都没有设置，则浏览器的默认字体大小为16px（12pt），此时1em=12pt=16px。当使用CSS修改当前元素或父元素的字体大小为15px时，1em=15px。可见，em会根据当前或父元素的字体大小自动重新计算，因而具有可伸缩性，适合移动设备。

（4）rem：常用于创建响应式布局，是相对于根元素（通常是<html>元素）的字体大小的计算值。1rem等于根元素的字体大小。例如，如果根元素的字体大小为16px（浏览器的默认值），则1rem等于16px。如果根元素的字体大小改为20px，则1rem等于20px。

3. 百分数

子级的大小需要根据父级的大小来计算，如果父级没有字体尺寸，就基于浏览器默认大小来计算。和em一样，百分数属于相对长度单位，100%=1em。百分比同样具有可伸缩性，也适合移动设备。

4. inherit

如果没有设置当前文字的字体大小，但设置了父元素的文字大小，则当前字体大小自动继承父元素的字体大小。

【例 6-3】font- size

```
01    <body>
02        <div style="font-size: 30px;">
03        <p style="font-size:medium;">生活的真谛从来都不在别处，就在日常一点一滴的奋
斗里。</p>
04        <p style="font-size:16px;">生活的真谛从来都不在别处，就在日常一点一滴的奋斗
里。</p>
05        <p>生活的真谛从来都不在别处，就在日常一点一滴的奋斗里。</p>
06        <p style="font-size:1em;">生活的真谛从来都不在别处，就在日常一点一滴的奋斗
里。</p>
07        <p style="font-size:50%">生活的真谛从来都不在别处，就在日常一点一滴的奋斗
里。</p>
08        </div>
09    </body>
```

例6-3使用font-size属性设置了几种字体的大小，运行效果如图6-3所示。由图可知，大小为

16px和medium值的字体大小是一致的。第05行的p元素没有设置字体大小，自动继承了父元素div的30px，和1em一致。第07行的百分数是相对于父元素的，所以值为15px。例子中涉及的样式优先级知识将在第7章介绍。

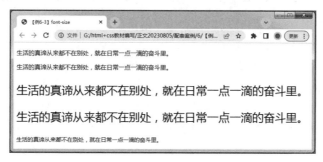

图 6-3　字体大小效果

6.1.4　字体族属性

使用font-family属性可以设置字体族，语法格式如下：

```
font-family: 字体族1,字体族2,...,通用字体族 | inherit;
```

font-family各个取值的含义如下：

● 字体族1,字体族2,…,通用字体族：值为 1 个或 1 个以上的字体系列，默认字体由浏览器决定。
● Inherit：继承父级字体系列。

font-family属性值为两个或者两个以上字体族名称时，必须用英文半角逗号分隔这些名称。对含有空格的字体，例如"Times New Roman"，必须用双引号或单引号引起来。此外，为了保证兼容性，建议对所有中文字体使用双引号引起来。

通用字体族表示相似的一类字体，分为serif、sans-serif、monospace、cursive、fantasy这5种类型。通常，浏览器至少会支持每种通用字体里的一种字体。因此，W3C的CSS规则规定，font-family属性值最后要求指定一个通用字体族，以避免客户端没有安装指定的字体时使用本机上的通用字体族中的字体。

浏览器在显示文本内容时，首先会检查是否支持第一个字体，如果支持，则选择该字体，否则按书写顺序检查第二个字体，以此类推。如果所有指定的具体字体都不支持，则使用通用字体族中的字体。

罗马字母字体分为sans-serif（无衬线体）和serif（衬线体）两类，它们是Web设计时常使用的两种通用字体族类型。serif在字的笔画开始及结束的地方有额外的装饰，笔画的粗细会因直横的不同而有所不同；而sans-serif则没有这些额外的装饰，笔画粗细大致差不多。常见的衬线体有Georgia、Times New Roman等，无衬线体有Tahoma、Verdana、Arial、Helvetica等。在实际应用中，中文的宋体和西文的衬线体在风格和应用场景上相似，中文的黑体、幼圆、隶书等字体和西文的无衬线体在风格和应用场景上相似，所以通常将宋体看作衬线体，而将黑体、幼圆、隶书等字体则看作无衬线体。

当字体大小为11px以上时，无衬线体在显示器中的显示效果会比较好，因此设置font-family时，一般会在最后添加sans-serif。例如：

```
font-family: Tahoma,"Times New Roman'","微软雅黑", "宋体", sans-serif;
```

上述示例代码中指定了4个具体的字体和一个通用字体族。其中英文使用前两个字体，并且"Tahoma"字体为英文的首选字体；中文则使用后两个字体，并且"微软雅黑"为首选字体。当这些首选字体在计算机中没有安装时，则在中、英文相应的字体中选择第二个字体，以此类推；如果所有指定的具体字体都没安装，最后将使用"sans-serif"通用字体族中的字体。

对于font-family中的中文字体，在使用中文名称时一般没什么问题，但一些用户的特殊设置会导致中文声明无效，所以经常会使用这些字体的英文文件名称，例如，微软雅黑的英文文件名称为"Microsoft YaHei"，宋体的英文文件名称为"SimSun"。上面的示例代码修改如下：

```
font-family:Tahoma,"Times New Roman","Microsoft YaHei","SimSun",sans-serif;
```

由于在Firefox的某些版本和Opera中不支持"SimSun"的写法，因此为了保证兼容性，通常会将宋体改成Unicode编码，代码如下：

```
font-family:Tahoma,"Times New Roman","Microsoft
YaHei","\5b8b\4f53",sans-serif;
```

【例 6-4】font-family

```
01    <head>
02      <style type="text/css">
03        #box1 {
04          /*设置中、英文使用不同的字体*/
05          font-family: arial, "Times New Roman", "\5b8b\4f53", "Microsoft
YaHei", sans-serif;
06          }
07      </style>
08    </head>
09    <body>
10      <div id="box1">全国征兵网www.gfbzb.gov.cn(英文:arial,中
文:\5b8b\4f53[宋体])</div>
11    </body>
```

例6-4同时设置了西文字体和中文字体，中英文文本将分别使用中文字体和西文字体显示。笔者的机器上安装了以上所述字体，因此西文的首选字体是"arial"，中文的首选字体是"宋体"。例6-4的运行效果如图6-4所示。

图 6-4　运行效果

CSS3中新增了@font-face属性，它允许网页开发者为其网页指定在线字体。通过这种作者自备字体的方式，可以消除对用户客户端的字体的依赖。语法格式如下：

```
@font-face {
    font-family: <FontName>;
    src: <source> [<format>][,<source> [<format>]]*;
}
```

　　font-family是必需的，用于定义字体的名称。src也是必需的，用于定义该字体文件的路径。format属性用于帮助浏览器识别字体。浏览器是不能根据字体url后缀去自动识别字体格式的，所以使用format属性来帮助浏览器识别字体格式。

　　由于每种浏览器对@font-face的兼容性不同，因此不同的浏览器对字体的支持格式各不相同，这就意味着在@font-face中需要包含多种格式的字体文件，如.ttf、.eot、.svg等，以便支持更多版本的浏览器。.ttf或.otf格式适用于Firefox 3.5、Safari、Opera；.eot格式适用于Internet Explorer 4.0+；.svg格式适用于Chrome、IPhone。示例代码如下：

```
01  @font-face {
02      font-family: 'YourWebFontName ';
03      src: url('YourWebFontName.eot '); /* IE9 Compat Modes */
04      src: url('YourWebFontName.eot?#iefix ') format('embedded-opentype '),
/* IE6-IE8 */
05          url('YourWebFontName.woff ') format('woff '), /* Modern Browsers */
06          url('YourWebFontName.ttf ') format('truetype '), /* Safari, Android,
iOS */
07          url('YourWebFontName.svg#YourWebFontName ') format('svg '); /* Legacy
iOS */
08  }
```

　　定义新的字体后，引用它即可。引用字体，示例代码如下：

```
01  p {
02      font-family: YourWebFontName;
03  }
```

【例 6-5】@font-face

```
01  <head>
02  <style type="text/css">
03      #box1 {
04          font-family: "阿里东方大楷";
05      }
06      @font-face {
07          font-family: "阿里东方大楷";
08          font-weight: 400;
09          src: url("H8Lsmcpom6vQ.woff2") format("woff2"),
10              url("H8Lsmcpom6vQ.woff") format("woff");
11      }
12  </style>
13  </head>
14  <body>
15      <div id="box1">全国征兵网www.gfbzb.gov.cn</div>
16      <div>全国征兵网www.gfbzb.gov.cn</div>
17  </body>
```

第06~11行代码设置了名为"阿里东方大楷"的自定义字体，字体文件在本地。例6-5的运行效果如图6-5所示。由图可知，自定义字体与默认字体明显不同。

图 6-5　字体族效果

💡 **注意：** 常用字体图标库有 icomoon 字库和 iconfont 字库等。

6.1.5　字体属性

前面介绍的各个字体属性都是针对某个属性进行设置的，在实际应用中，开发人员需要同时设置多个字体样式时，常常会使用字体设置的简写形式，即将所有字体样式放在一个属性中设置。

font属性是字体属性的简写属性，语法格式如下：

```
font: [font-style] [font-weight] font-size[/line-height] font-family;
```

font的各个属性值之间使用空格分隔，同时必须按照语法格式中的排列顺序出现。要使字体样式设置有效，必须提供font-size和font-family这两个属性值，其他忽略的属性值将使用它们对应的默认值。同时设置font-size和line-height时，必须通过"/"组成一个值，不能分开写。

【例 6-6】font

```
01    <head>
02      <style type="text/css">
03          #box1 {
04              /*使用font属性设置字体倾斜、加粗、字号/1.5倍行距、字体族*/
05              font: italic bold 16px/1.5 Tahoma, Geneva, "微软黑雅", "黑体",
sans-serif;
06          }
07          #box2 {
08              /*使用font属性显式设置字号和字体族*/
09              font: 20px/30px Arial, Helvetica, "黑体", "宋体", sans-serif;
10          }
11
12          #box3 {
13              /*没有设置字体族*/
14              font: italic bold 22px;
15          }
16      </style>
17    </head>
18    <body>
19      <div id="box1">巨大的用户群体绝不仅意味着金山银山，还意味着责任如山…</div>
20      <div id="box2">巨大的用户群体绝不仅意味着金山银山，还意味着责任如山…</div>
21      <div id="box3">巨大的用户群体绝不仅意味着金山银山，还意味着责任如山…</div>
```

```
22    </body>
```

在例6-6中，#box1使用font属性显示设置了所有字体样式，#box2只设置了字号、行距和字体族样式，而#box3由于没有设置字体族，因此无效，运行效果如图6-6所示。

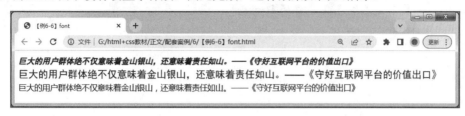

图 6-6　字体效果

💡 **注意：**　　淘宝网上的一个 font 属性设置源码如下：

body,button,input,select,textarea{font:12px/1.5 tahoma,arial,'Hiragino Sans GB','\5b8b\4f53',sans-serif}

全国征兵网上的一个 font 属性设置源码如下：

body{font:13px/1.5 'Helvetica Neue', Arial, 'Liberation Sans', FreeSans, sans-serif;}

6.2　CSS 文本样式

CSS文本属性可以设置文本的颜色、行高、对齐方式、字符间距、段首缩进位置等。常用的文本属性有行高属性line-height、颜色属性color、文本水平对齐属性text-align、首行缩进属性text-indent、文本修饰属性text-decoration、字符间距属性letter-spacing、字间距属性word-spacing。

6.2.1　行高属性

行高是指上下文本行的基线间的垂直距离。基线是指大部分字母所"坐落"其上的一条看不见的线。如图6-7所示，图中两条红线就是文本基线，它们之间的垂直距离就是行高。

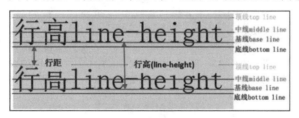

图 6-7　行高图示

大多数浏览器的默认行高大约是当前字体大小的110%到120%，可以使用line-height属性修改默认的行高，语法格式如下：

```
line-height: normal|number|length|百分数| inherit;
```

Line-Height各个取值的含义如下：

● **normal**：表示使用默认行高，为默认值。

- number：表示不带任何单位的某个数字，行高等于此数字与当前的字体尺寸相乘的结果。
- length：表示以 px|em|pt 为单位的某个数值。
- 百分数：表示相对于当前字体大小的百分数，100%的行间距等于当前字体尺寸。
- Inherit：表示文本继承父元素的行间距。

【例 6-7】line-height

```
01  <head>
02    <style type="text/css">
03      div {
04        border: 1px solid red;
05        margin-bottom: 10px;
06      }
07      #box1 {
08        /*使用px为单位设置行高*/
09        line-height: 24px;
10      }
11      #box2 {
12        /*使用百分数设置行高*/
13        line-height: 80%;
14      }
15      #box3 {
16        /*使用不带任何单位的数字设置行高*/
17        line-height: 1.5;
18      }
19    </style>
20  </head>
21  <body>
22    <div id="box1">从"僵卧孤村不自哀，尚思为国戍轮台"……</div>
23    <div id="box2">从"僵卧孤村不自哀，尚思为国戍轮台"……</div>
24    <div id="box3">从"僵卧孤村不自哀，尚思为国戍轮台"……</div>
25  </body>
```

在例6-7中，由于浏览器默认字体大小为16px，因此#box1和#box3的文本内容的行高均是1.5倍字体大小；而#box2的行高是0.8倍字体大小，导致文本重叠。运行效果如图6-8所示。

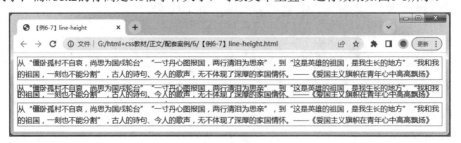

图 6-8　行高效果

💡注意：　大片密密麻麻的文字会让人觉得乏味，并造成极大的阅读困难，而过于松散的文本又会影响美观。适当地调整行高可以降低阅读的难度，并且使页面美观。推荐的行高大约是 1.5~2 倍字体大小。如果想使单行文本垂直居中，将行高设置为其自身的高度值即可。

6.2.2　颜色属性

使用color属性设置文本颜色，语法格式如下：

```
color:预定义的颜色值|颜色的十六进制数|方法rgb(r,g,b)|方法rgba(r,g,b,a)|inherit;
```

color各个取值的含义如下：

- 预定义的颜色值：常见的颜色可以使用对应的英文单词表示，例如蓝色（blue）、红色（red）等。
- 颜色的十六进制数：分别使用两位十六进制数来表示红（r）、绿（g）和蓝（b）三原色，同时在这个十六进制数前面添加"#"作为颜色值的标识。例如#FF0000 表示红色，#FFFFFF 表示白色。当颜色对应的十六进制数相同时，可以将6 位十六进制数简写为3 位十六进制数，例如#FFEE00 可简写为#FE0。
- 方法 rgb(r,g,b)：方法中参数 r、g、b 分别表示红、绿、蓝三原色，取值范围均为0~255，如 rgb(255,0,0)。
- 方法 rgba(r,g,b,a)：参数 r、g、b 同上，a 表示透明度，取值范围为 0~1，如 rgba(255,0,0,0.3)。
- inherit：继承父元素的颜色。

实际开发中，可以使用工具获取颜色的十六进制数或rgb的值。在如图6-9所示的VSCode内置拾色器面板上选择相应的颜色，即会生成各种表示形式的颜色值。

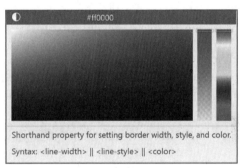

图 6-9　VSCode 内置拾色器

【例 6-8】color

```
01    <head>
02        <style type="text/css">
03            #box1 {
04                color: #ff0000;
05            }
06            #box2 {
07                color: rgb(255, 0, 0);
08            }
09            #box3 {
10                color: red;
11            }
12        </style>
13    </head>
14    <body>
15        <div id="box1">生态环境没有替代品，用之不觉，失之难存。</div>
16        <div id="box2">生态环境没有替代品，用之不觉，失之难存。</div>
17        <div id="box3">生态环境没有替代品，用之不觉，失之难存。</div>
18    </body>
```

例6-8使用color属性的3种属性值设置字体为红色，运行效果如图6-10所示。

图 6-10　颜色效果

6.2.3　文本水平对齐属性

使用text-align属性设置文本水平对齐方式，语法格式如下：

```
text-align: left | right | center | inherit;
```

text-align属性可取居左、居右、居中或继承父元素的水平对齐方式，默认值为居左对齐。

【例 6-9】text-align

```
01  <head>
02      <style type="text/css">
03          #box2 {
04              text-align: left;
05          }
06          #box3 {
07              text-align: center;
08          }
09          #box4 {
10              text-align: right;
11          }
12      </style>
13  </head>
14  <body>
15      <div id="box1">当代中国，江山壮丽，人民豪迈，前程远大。</div>
16      <div id="box2">当代中国，江山壮丽，人民豪迈，前程远大。</div>
17      <div id="box3">当代中国，江山壮丽，人民豪迈，前程远大。</div>
18      <div id="box4">当代中国，江山壮丽，人民豪迈，前程远大。</div>
19  </body>
```

例6-9的运行效果如图6-11所示。由图可知，使用默认对齐方式的#box1和使用居左对齐方式的#box2的效果一致。

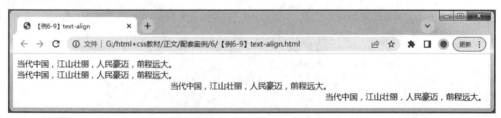

图 6-11　文本水平对齐效果

6.2.4　首行缩进属性

使用text-indent属性可以设置每段文本的首行字符的缩进距离，语法格式如下：

```
text-indent: length|百分数|inherit;
```

text-indent的各个取值的含义如下：

- length：表示单位为 px|pt|em 的某个具体的正数或负数。正数表示向右缩进，负数表示向左缩进。
- 百分数：表示相对于父级元素宽度的百分比。
- inherit：表示继承父元素的值。

text-indent属性的默认值为0。

【例 6-10】text-indent

```
01  <head>
02      <style type="text/css">
03          #box1 {
04              text-indent: 32px;
05          }
06          #box2 {
07              text-indent: 2em;
08              color: blue;
09          }
10      </style>
11  </head>
12  <body>
13      <div id="box1">曾经，面对一个个"卡脖子"问题，老一辈科技工作者迎难而上、攻坚克
难，展现了中国人不服输的劲头。</div>
14      <div id="box2">曾经，面对一个个"卡脖子"问题，老一辈科技工作者迎难而上、攻坚克
难，展现了中国人不服输的劲头。</div>
15  </body>
```

例6-10的运行效果如图6-12所示。一个文字的大小默认是16px，即1em，代码设置两个div元素的首行字符缩进分别为32px和2em，即都是缩进2个字符。

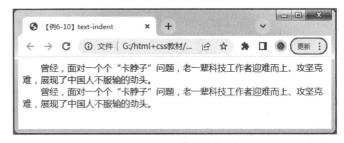

图 6-12　首行缩进效果

6.2.5　文本修饰属性

使用text-decoration属性可以设置文本下画线、上画线或删除线等样式，语法格式如下：

```
text-decoration: none|underline|overline|line-through|inherit;
```

text-decoration各个取值的含义如下：

- none：表示没有任何修饰，为默认值。
- underline：设置文本显示下画线。
- overline：设置文本显示上画线。
- line-through：设置文本显示删除线。
- inherit：设置文本继承父元素的修饰。

去掉超链接默认的下画线是应用最多的文本装饰，示例代码如下：

```
a{text-decoration:none}
```

【例6-11】text-decoration

```
01    <head>
02        <style type="text/css">
03            #box1 {
04                text-decoration: underline;
05            }
06            #box2 {
07                text-decoration: line-through;
08            }
09            #box3 {
10                text-decoration: overline;
11            }
12        </style>
13    </head>
14    <body>
15        <span id="box1">文本装饰下画线</span>
16        <span id="box2">文本装饰删除线</span>
17        <span id="box3">文本装饰上画线</span>
18    </body>
```

例6-11设置了下画线、删除线和上画线，运行效果如图6-13所示。

图 6-13   文本修饰效果

6.2.6   字符间距属性

使用letter-spacing属性可以增加或减小字符与字符的间隔，语法格式如下：

```
letter-spacing: normal|length|inherit;
```

letter-spacing各个取值的含义如下：

- normal：表示正常间距，取值为 0，为默认值。
- length：表示以 px|em|pt 为单位的某个数值。为正值时，字符间距增大；为负值时，字符间距减小。
- inherit：设置文本继承父元素的字符间距。

【例 6-12】letter-spacing

```
01    <head>
02        <style type="text/css">
03            #box2 {
04                letter-spacing: 12px;
05            }
06            #box3 {
07                letter-spacing: -2px;
08            }
09        </style>
10    </head>
11    <body>
12        <div id="box1">letter-spacing</div>
13        <div id="box2">letter-spacing</div>
14        <div id="box3">letter-spacing</div>
15    </body>
```

在例6-12中，#box1没有设置字符间距，因而是默认值0。#box2将字符间距设置为正值，因而字符的间隔比较大。#box3将字符间距设置为负值，因而字符的间隔比较小。运行效果如图6-14所示。

图 6-14　字符间距效果

6.2.7　字间距属性

使用word-spacing属性可以增加或减小字与字的间隔，语法格式如下：

```
word-spacing: normal|length|inherit;
```

word-spacing属性的各个取值的含义和letter-spacing属性的各个取值的含义完全一样。

CSS把"字（word）"定义为任何非空白字符组成的串，并由某种空白字符包围。由此可知，两个字之间是通过空格来分隔的。因此，word-spacing属性只对包含两个以上单词的英文文本起作用，对不含空格的中文文本不起作用。

【例 6-13】word-spacing

```
01    <head>
02        <style type="text/css">
03            div{
04                word-spacing: 30px;
05            }
06        </style>
```

```
07    </head>
08    <body>
09        <div>字间距</div>
10        <div>字 间 距</div>
11        <div>wordspacing</div>
12        <div>word spacing</div>
13    </body>
```

在例6-13中，第09行和第11行的文本没有空格，因此字间距设置无效，第10行和第12行的文本包含空格，因此字间距有效。运行效果如图6-15所示。

图 6-15　字间距效果

6.2.8　字母大小写属性

使用text-transform属性可以控制字母的大小写，语法格式如下：

```
text-transform: none|capitalize|uppercase|lowercase|initial|inherit;
```

text-transform各个取值的含义如下：

- none：默认值，字母不会被转换，原样输出。
- capitalize：设置文本中的每个单词以大写字母开头。
- uppercase：定义仅有大写字母。
- lowercase：定义仅有小写字母。
- initial：将属性设置为其默认值，即 none。
- inherit：规定应该从父元素继承 text-transform 属性的值。

【例 6-14】text-transform

```
01    <head>
02      <style type="text/css">
03        #box1 {
04            text-transform: capitalize;
05        }
06        #box2 {
07            text-transform: uppercase;
08        }
09        #box3 {
10            text-transform: lowercase;
11        }
12      </style>
```

```
13    </head>
14    <body>
15        <div id="box1">Youth means limitless possibilities</div>
16        <div id="box2">Youth means limitless possibilities</div>
17        <div id="box3">Youth means limitless possibilities</div>
18    </body>
```

例6-14的运行效果如图6-16所示。

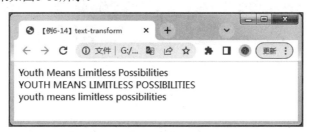

图 6-16　字母大小写效果

6.2.9　文本阴影效果属性

使用CSS3新增的text-shadow属性可以向文本设置阴影，语法格式如下：

```
text-shadow: h-shadow v-shadow blur color;
```

text-shadow属性用于向文本添加一个或多个阴影，多个阴影用逗号分隔。text-shadow的各个取值的含义如下：

● h-shadow：必需。水平阴影的偏移量。允许负值。
● v-shadow：必需。垂直阴影的偏移量。允许负值。
● blur：可选。模糊的距离。
● color：可选。阴影的颜色。

【例 6-15】text-shadow

```
01    <head>
02        <style type="text/css">
03            #box1 {
04                text-shadow:2px 2px 2px #FF0000;
05            }
06            #box2 {
07                text-shadow:0 0 3px #FF0000;
08            }
09        </style>
10    </head>
11    <body>
12        <div id="box1">模糊效果的文本阴影！</div>
13        <div id="box2">霓虹灯效果的文本阴影！</div>
14    </body>
```

在例6-15中，#box1设置文字的水平阴影是2px，如果增大该值，则水平阴影会更靠右；垂直阴影是2px，如果增大该值，则垂直阴影会更靠下；模糊距离是2px，如果增大该值，则阴影会更模糊；阴影颜色是红色。#box2设置文字的水平和垂直阴影是0，因此阴影和文字重合。运行效果如图6-17所示。

图 6-17　阴影效果

6.3　CSS 表格样式

CSS表格属性主要用于设置表格边框是否显示为单一边框、单元格之间的距离以及表格标题位置等样式。常用的CSS表格属性如表6-1所示。

表 6-1　常用 CSS 表格属性

属　　性	属 性 值	描　　述
border-collapse	separate	默认值。表格边框和单元格边框会分开
	collapse	表格边框和单元格边框合并为一个单一的边框
border-spacing	length length	规定相邻单元的边框之间的距离。使用 px 等单位时不允许使用负值。如果定义一个 length 参数，那么定义的是水平和垂直间距。如果定义两个 length 参数，那么第一个是水平间距，第二个是垂直间距
caption-side	top	默认值。把表格标题定位在表格之上
	bottom	把表格标题定位在表格之下

【例 6-16】CSS 表格属性

```
01    <head>
02      <style type="text/css">
03        table, th, td {
04            border: 1px solid black; /* 设置边框样式 */
05        }
06        #tb1 {
07            border-collapse: collapse; /* 合并为一个单一的边框 */
08        }
09        #tb2 {
10            border-spacing: 10px; /* 设置相邻单元的边框之间的距离 */
11            caption-side: bottom; /* 把表格标题定位在表格之下*/
12        }
13      </style>
14    </head>
15    <body>
```

```
16      <table>
17          <caption>边框未合并</caption>
18          <tr><th>姓名</th><th>年龄</th></tr>
19          <tr><td>Bill</td><td>18</td></tr>
20          <tr><td>Steve</td><td>21</td></tr>
21      </table>
22      <table id="tb1">
23          <caption>边框合并</caption>
24          ...
25      </table>
26      <table id="tb2">
27          <caption>边框分开</caption>
28          ...
29      </table>
30  </body>
```

在例6-16中，第03行代码设置表格和单元格均具有边框；#tb1将表格边框和单元格边框合并为单一边框；#tb2设置相邻单元的边框之间的距离，并将表格标题定位在表格之下。运行效果如图6-18所示。

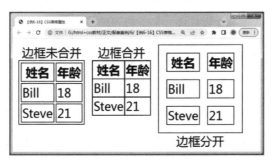

图 6-18 运行效果

【例 6-17】使用 CSS 格式化简历表

```
01  <head> <style type="text/css">
02      table {
03          border: 1px solid #ccc;
04          width: 600px; /* 设置表格宽度 */
05          height: 300px; /* 设置表格高度 */
06          margin: 0 auto; /* 设置表格在页面居中显示 */
07          border-collapse: collapse;
08      }
09      td {
10          width: 80px; /* 设置单元格宽度 */
11          border: 1px solid #ccc;
12          vertical-align:middle; /* 设置单元格文本垂直对齐方式*/
13      }
14      .one {
15          background: #eee; /* 设置单元格背景色 */
16      }
17      .two {
```

```
18              text-align: center;
19              font-size: 20px;
20              font-weight: bold;
21          }
22      </style>
23  </head>
24  <body>
25      <table>
26          <tr><td colspan=5 class="one two">简历表</td></tr>
27          <tr><td class="one">姓名</td><td></td><td class="one">民族
</td><td></td><td rowspan=3>照片</td></tr>
28          <tr><td class="one">籍贯</td><td></td><td class="one">身高
</td><td></td></tr>
29          <tr><td class="one">联系电话</td><td></td><td class="one">QQ号码
</td><td></td></tr>
30          <tr> <td class="one">目前所在地</td><td colspan="4"></td></tr>
31      </table>
32  </body>
```

例6-17使用CSS设置了表格的宽度、高度、页面居中、背景色等样式，各属性详见"第8章盒子模型"。vertical-align属性用于设置单元格中内容的垂直对齐方式，常用属性值如下：

- baseline：把此元素放置在父元素的基线上（默认值）。
- top：把元素的顶端与行中最高元素的顶端对齐。
- middle：把此元素放置在父元素的中部。
- bottom：把元素的顶端与行中最低元素的顶端对齐。

例6-17的运行效果如图6-19所示。

图 6-19　使用 CSS 格式化简历表

6.4　CSS 表单样式

大多表单元素的默认样式比较呆板且难看，而且在不同浏览器下还会有差别。为了确保表单元素在各个浏览器下的表现形式一样，以及更加美观，在实际应用中，通常会使用CSS来美化表单。

💡 **注意：** 本节用到的部分样式属性将在后续章节中介绍。

6.4.1　单行文本框美化

默认情况下，单行文本框是一个白色背景的矩形框，该矩形框在不同浏览器中具有不同的边框宽度和内边距。可以使用CSS来修改它的默认样式，包括形状、边框大小、内边距、背景等样式。

【例6-18】单行文本框美化

```
01    <head>
02      <style type="text/css">
03        input {
04          width: 150px;
05          height: 30px;
06          outline: none; /*取消表单元素获取焦点时的轮廓*/
07        }
08        .txtipt1 {
09          border: 1px solid #ccc; /*重置边框样式*/
10          border-radius: 15px; /*设置圆角*/
11          padding-left: 8px; /* 设置左内边距 */
12        }
13        .txtipt2 {
14          border: none; /*取消边框*/
15          padding: 0 15px; /* 设置内边距 */
16          background: url(images/txtBg.png) no-repeat; /*设置文本框使用背
景图片*/
17        }
18      </style>
19    </head>
20    <body>
21        默认的文本框: <input type="text" name="txt1"><br /><br />
22        设置圆角的文本框: <input type="text" name="txt2" class="txtipt1"><br
/><br />
23        使用CSS背景图片的文本框: <input type="text" name="txt3"
class="txtipt2">
24    </body>
```

例6-18创建了3个文本框，第04~06行代码设置了它们的宽度和高度，并取消了文本框获取焦点时的轮廓；第一个文本框是默认样式；第二个文本框使用CSS3的border-radius属性设置了圆角边框；第三个文本框取消了边框，显示的是背景图片。运行效果如图6-20所示。

图 6-20　单行文本框美化效果

6.4.2 按钮美化

与单行文本框一样，按钮元素也可以使用CSS来美化，包括按钮大小、形状、指针、背景色等样式。

【例6-19】按钮美化

```
01  <head>
02     <style type="text/css">
03        input{
04           cursor: pointer;/* 光标呈现为指示链接的指针（小手形状图标）  */
05           border: none;
06           outline: 0;
07           font-weight: 400;
08           color: white;
09        }
10        .btn {
11           width: 108px;
12           height: 44px;
13           line-height: 44px;
14           background-color: #4e6ef2;
15        }
16        .btn2 {
17           width: 72px;
18           height: 34px;
19           line-height: 34px;
20           background-color: red;
21           border-radius: 20px;
22        }
23     </style>
24  </head>
25  <body>
26     <input type="submit" value="百度一下" class="btn">
27     <input type="submit" value="搜索" class="btn2">
28  </body>
```

例6-19创建了两个按钮，第03~09行代码设置了在鼠标触碰时展示一只手的形状，取消了边框和按钮获取焦点时的轮廓，并设置了字体加粗、字体颜色；第10~22行代码分别设置两个按钮的宽度、高度、行高、背景色、圆角边框等样式。其中，高度和行高一致可以使按钮文本垂直居中显示。运行效果如图6-21所示。

图 6-21　按钮美化效果

6.4.3 下拉列表美化

select元素的样式不易修改，在实际开发中，通常会用其他元素来模拟下拉列表。例6-20实现了下拉列表的结构和样式的设置，其功能需要通过JavaScript处理鼠标移入移出事件来实现，此处省略。

【例 6-20】下拉列表美化

```
01  <head>
02      <style type="text/css">
03          input {
04              width: 150px;
05              height: 30px;
06              padding: 0 0 0 4px;
07              border: 1px solid #ccc;
08              background: url(images/xjt.png) no-repeat right center;
09          }
10          ul {
11              list-style: none;
12              padding: 0;
13              margin: -1px 0 0;
14              width: 154px;
15              border: 1px solid #ccc;
16          }
17          ul li {
18              height: 30px;
19              line-height: 30px;
20              padding-left: 4px;
21          }
22          ul li:hover {
23              /*设置鼠标移到列表项上的样式*/
24              background: #000;
25              color: #fff;
26          }
27      </style>
28  </head>
29  <body>
30      <div class="box">
31          <input type="text">
32          <ul>
33              <li>列表1</li>
34              <li>列表2</li>
35              <li>列表3</li>
36          </ul>
37      </div>
38  </body>
```

例6-20使用<div>、<input>、<ul>和<li>标签模拟了下拉列表的结构，运行效果如图6-22所示。

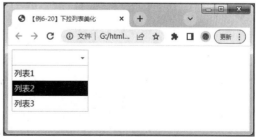

图 6-22　下拉列表美化效果

6.5　CSS 列表样式

CSS列表属性主要用于设置列表样式，列表属性如下：

- list-style：简写属性。在一条声明中设置列表的所有属性。
- list-style-image：指定图像作为列表项标记。
- list-style-position：规定列表项标记（项目符号）的位置。
- list-style-type：规定列表项标记的类型。

在实际应用中，主要使用"list-style-type: none"取消列表的默认样式；对于列表项目符号，因为存在浏览器兼容性问题，所以通常设置背景图片作为列表项目符号，如图6-23所示。

图 6-23　设置背景图片作为列表项目符号

【例 6-21】设置背景图片作为列表项目符号

```
01    <head>
02      <style type="text/css">
03        a{
04            text-decoration: none;
05            font-size: 12px;
06        }
07        ul {
08            list-style-type: none;
09        }
10        .sitelink {
11            background-image: url(favicon.png);
12            background-repeat: no-repeat;
13            padding-left: 20px;
14        }
15        .sitelink1 {
16            background-image: url(favicon2.png);
17            background-repeat: no-repeat;
18            padding-left: 20px;
19        }
20      </style>
21    </head>
22    <body>
23      <ul>
24        <li><a class="sitelink" href="https://www.chsi.com.cn/">学信网
</a></li>
25        <li><a class="sitelink1" href="https://www.ifeng.com/">凤凰网
</a></li>
26      </ul>
```

```
27    </body>
```

在例6-21中，第03~06行代码设置页面中的<a>标签取消下画线，文字大小是12px；第08行代码设置页面中的ul列表取消默认项目符号；第11和16行代码设置背景图片（背景设置详见8.5节）。运行效果如图6-24所示。

图 6-24　设置背景图片作为列表项目符号

6.6　实战案例："大学生参军网站"在线咨询页面

1. 案例呈现

"大学生参军网站"在线咨询页面效果如图6-25所示。页面涉及的页眉、页脚和CSS部分详见本书配套案例。本节综合本章所介绍的CSS属性，完成在线咨询页面的侧边栏列表、咨询记录表格和网上咨询表单的制作。

图 6-25　在线咨询页面效果

2. 案例分析

1）侧边栏列表

列表内容是一个无序列表，使用<ul>标签实现。列表样式包括使用图片作为项目符号、设置<ul>背景和宽度等。

2）咨询记录表格

咨询记录表格使用<table>标签实现。表格样式包括合并边框线、分别设置表头和单元格样式等。

3）网上咨询表单

本书4.4节已经讲解了网上咨询表单的HTML代码，现在使用CSS对它进行美化。

3. 案例实现

1）侧边栏列表

CSS代码如下：

```
01    .side-area {
02       background-color: #F7F7F7;  /* 背景色 */
03       list-style-type: none;  /* 取消默认项目符号 */
04       width: 200px;  /* 宽度 */
05    }
06    .side-area li {
07       height: 45px;  /* 高度 */
08       line-height: 45px;  /* 行高 */
09       border-bottom: 1px dotted #CCC;  /* 底边框 */
10       padding-left: 20px;  /* 左内边距 */
11       background: url(images/li_bg.gif) no-repeat 20px center;  /* 背景设置 */
12    }
13    .side-area li a {
14       color: #666;  /* 颜色 */
15       text-decoration: none;  /* 取消下画线 */
16       font-size: 15px;  /* 字体大小 */
17       padding-left: 15px;  /* 左内边距 */
18    }
```

HTML代码如下：

```
01    <ul class="side-area" >
02       <li><a href="bydj.html" target="_blank">兵役登记</a></li>
03       ...(省略其余<li>)
04       <li><a href="https://www.gfbzb.gov.cn/help/index.action"
target="_blank">常见问题</a></li>
05    </ul>
```

2）咨询记录表格

CSS代码如下：

```
01    .ui-table {
02       border-collapse: collapse;  /* 合并边框线 */
03       border: 1px solid #CCC;  /* 边框 */
```

```
04        width: 100%;/* 宽度 */
05        font-size: 12px; /* 文字大小 */
06        text-align: left/* 文字左对齐 */
07    }
08    .ui-table th {
09        padding: 7px 9px; /* 内边距 */
10        border-bottom: 1px solid #D9D9D9; /* 底边框 */
11        color: #666; /* 颜色 */
12        background-color: #F6F6F6; /* 背景色 */
13    }
14    .ui-table td {
15        padding: 8px 9px 7px; /* 内边距 */
16        border-bottom: 1px solid # D9D9D9;  /*底边框*/
17    }
```

HTML代码如下：

```
18    <table class="ui-table">
19        <thead>
20            <tr>
21                <th>标题</th>
22                <th width="124">创建时间</th>
23                <th width="100">是否回复</th>
24                <th width="64">操作</th>
25            </tr>
26        </thead>
27        <tbody id="zxbody">
28            <tr class='noResult'>
29                <td>我是大一学生，想在2024年春季入伍，概率大不大</td>
30                <td>2023-11-04 01:21:16</td>
31                <td>已回复</td>
32                <td>无</td>
33            </tr>
34            <tr class='noResult'><td colspan="4">暂时没有更多数据！</td></tr>
35        </tbody>
36    </table>
```

3）网上咨询表单

CSS代码如下：

```
01    <style>
02    .ui-form {
03        font-size: 12px; /* 字体大小 */
04        color:#656565; /* 颜色 */
05        line-height: 1.5/* 行高 */
06    }
07    .ui-form-item {
08        padding: 0 5px 10px 170px; /* 内边距 */
09        margin-bottom: 20px;  /* 下外边距 */
10    }
11    .ui-label{
```

```
12        float: left;    /* 左浮动 */
13        padding-top: 3px; /* 上内边距 */
14        font-size: 14px; /* 字体大小 */
15        color: #666; /* 颜色 */
16    }
17    .ui-form-item select {
18        margin: 4px 2px 0; /* 外边距 */
19        border: 1px solid #666; /* 边框 */
20    }
21    .ui-form-required{
22        color: #ed4014; /* 颜色 */
23        font-family: SimSun; /* 字体族 */
24        font-size: 14px; /* 字体大小 */
25        margin-right: 6px; /* 右外边距 */
26    }
27    .ui-input {
28        padding: 5px 9px; /* 内边距 */
29        border: 1px solid #C1C1C1; /* 边框 */
30        color: #595959; /* 颜色 */
31     }
32    .ui-textarea {
33        border: 1px #9C9C9C solid; /* 边框 */
34        padding: 1px 3px 0 4px; /* 内边距 */
35        font-family: Arial; /* 字体族 */
36     }
37    .ui-button{
38        display: inline-block; /* 行内块 */
39        text-align: center;   /* 文本居中 */
40        cursor: pointer; /* 鼠标样式 */
41        font-size: 14px; /*字体大小*/
42        border-radius: 2px; /* 圆角边框 */
43        padding: 0 20px; /* 内边距 */
44        height: 36px; /* 高度 */
45        line-height: 36px; /* 行高和高度一致，单行文本居中 */
46        color: #FFF;  /* 颜色 */
47        border: 1px solid #75A56D; /* 边框 */
48        background-color: #89B282; /* 背景色 */
49    }
50    </style>
```

6.7 本章小结

　　本章首先介绍了如何使用CSS美化页面，包括字体样式、文本样式、表格样式、表单样式和列表样式；然后综合本章内容，制作了"大学生参军网站"在线咨询页面。CSS中的外边距、内间距、背景、边框和动画等样式将在后续章节讲解。

第**7**章

CSS3 高级选择器

第5章已经介绍了CSS3的基本选择器，本章将介绍组合选择器、属性选择器、伪类选择器、伪元素选择器等高级选择器，以便能更精确、高效地选取元素。

本章学习目标

- 掌握 CSS 高级选择器的使用，能够灵活选中页面元素。
- 理解 CSS 的层叠性、继承性与优先级，能够解决样式冲突。

7.1　组合选择器

组合选择器是两个或多个基本选择器通过不同方式连接而成的选择器，可以根据元素之间的特定关系来选取元素。它包括交集选择器、并集选择器、后代选择器、子选择器、相邻兄弟选择器、通用兄弟选择器。

7.1.1　交集选择器

交集选择器由两个选择器直接连接构成，其中第一个选择器必须是标签选择器，第二个选择器必须是类选择器或者ID选择器。语法格式如下：

```
标签选择器.类选择器 | ID选择器{属性名1:属性值1;...}
```

两个选择器之间必须连写，不能有空格。交集选择器选中的元素是第一个标签选择器选中的元素，该元素必须包含第二个选择器对应的类名或ID名。

【例 7-1】交集选择器

```
01    <head>
02        <style type="text/css">
03            div.test {
04                font-size: 20px;
05                font-style: italic;
06                font-weight: bold;
07            }
08        </style>
09    </head>
10    <body>
11        <div>自力更生是中华民族自立于世界民族之林的奋斗基点，自主创新是……</div>
12        <div class="test">自力更生是中华民族自立于世界民族之林的奋斗基点，自主创新
是……</div>
13        <p class="test">自力更生是中华民族自立于世界民族之林的奋斗基点，自主创新
是……</p>
14    </body>
```

第03行的"div.test"是交集选择器，它定义的字体样式只作用于第12行的div元素。例7-1的运行效果如图7-1所示。

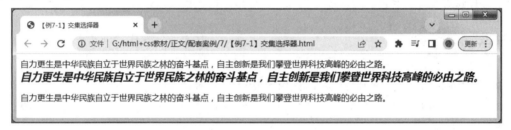

图 7-1   交集选择器的效果

注意：   使用交集选择器会增加代码量、影响性能且不利于后期维护，因此一般不推荐使用。

7.1.2   并集选择器

并集选择器也叫分组选择器，是由任意多个选择器通过英文逗号连接而成，用于声明这些选择器的公共样式。语法格式如下：

选择器1,选择器2,选择器3,...{属性名1:属性值1;属性名2:属性值2;...}

选择器可以是任意类型，既可以是基本选择器，也可以是复合选择器。

【例 7-2】并集选择器

```
01    <head>
02        <style type="text/css">
03            .font25,div,#test {
04                font-size: 25px;
05            }
06        </style>
```

```
07    </head>
08    <body>
09        <div>一件件青铜玉器，一片片竹简木牍，.................</div>
10        <span id="test">一件件青铜玉器，一片片竹简木牍，................. </span>
11        <p class="font25">一件件青铜玉器，一片片竹简木牍，.................</p>
12        <p>一件件青铜玉器，一片片竹简木牍，.................</p>
13    </body>
```

第03行的 ".font25,div,#test" 是并集选择器，用于定义第09行div元素、第10行span元素和第11行p元素的字体大小。它包含了标签选择器、ID选择器和类选择器。例7-2的运行效果如图7-2所示。

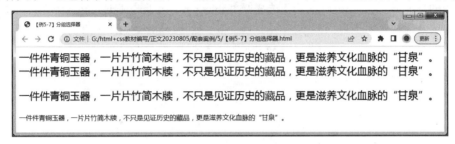

图 7-2　并集选择器的效果

💡 注意：　并集选择器的作用是把不同选择器的相同样式抽取出来，然后放到一个地方一次性定义，从而减少 CSS 代码量。

7.1.3　后代选择器

当标签发生嵌套时，内层的标签就成为外层标签的后代。后代选择器又称包含选择器，用于选择某个元素的指定类型的所有后代元素。语法格式如下：

选择器1　选择器2　选择器3　...{属性名1:属性值1;...}

选择器1为外层选择器，选择器2为内层选择器，以此类推。选择器之间使用空格分隔。

【例 7-3】后代选择器

```
01    <head>
02    <style type="text/css">
03        #box1 .p1 {/*后代选择器*/
            font-size: 25px;
        }
04        #box2 p {/*后代选择器*/
            background-color: pink;
        }
05    </style>
06    </head>
07    <body>
08        <div id="box1">
09            <p class="p1">段落一</p>
10            <p class="p2">段落二</p>
```

```
11          </div>
12          <div id="box2">
13              <p class="p1">段落三</p>
14              <p>段落四</p>
15          </div>
16          <p class="p1">段落五</p>
17          <p>段落六</p>
18      </body>
```

　　第03行的后代选择器"#box1 .p1"用于选择ID为box1的元素中类名为p1的所有后代元素，因此选中了第09行的p元素；第04行的后代选择器"#box2 p"用于选择ID为box2的元素中类名为p的所有后代元素，因此选中了第13、14行的p元素。例7-3的运行效果如图7-3所示。

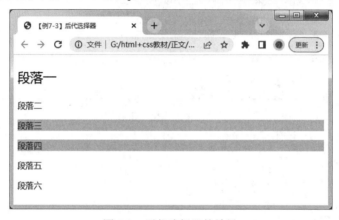

图 7-3　后代选择器的效果

7.1.4　子元素选择器

　　子元素选择器用于选择某个元素的所有子元素，如果元素不是父元素的直接子元素，则不会被选中。语法格式如下：

> 选择器1>选择器2 {属性1：属性值1；属性2：属性值2；...}

　　">"称为左结合符，在其左右两边有无空格都正确，"选择器1>选择器2"用来选取作为"选择器1"元素的直接子元素的"选择器2"元素。

【例 7-4】子元素选择器

```
01  <head>
02      <style type="text/css">
03          p>span {
04              font-size: 20px;
05          }
06      </style>
07  </head>
08  <body>
09      <p>岁月因青春<span>慨然以赴</span>而更加静好，世间因少年<span>挺身向前
</span>而更加瑰丽。</p>
```

```
10          <p>岁月因青春<em><span>慨然以赴</span></em>而更加静好，世间因少年
<em><span>挺身向前</span></em>而更加瑰丽。</p>
11      </body>
```

第03行的子元素选择器"p>span"用于选择p元素的所有子元素span；第09行的两个span元素均是p元素的子元素，因此字体大小是20px；第10行的两个span元素均不是p元素的子元素，因此字体大小是默认值。例7-4的运行效果如图7-4所示。

图 7-4　子元素选择器的效果

7.1.5　相邻兄弟选择器

相邻兄弟选择器用于选择和某个元素具有相同的父元素且紧接在该元素后面的元素。语法格式如下：

```
选择器1+选择器2  {属性1：属性值1；属性2：属性值2；...}
```

"+"称为相邻兄弟结合符，在其左右两边有无空格都正确，兄弟（同级）元素必须具有相同的父元素，"相邻"的意思是"紧随其后"。

【例 7-5】相邻兄弟选择器

```
01  <head>
02      <style type="text/css">
03          div+p {
04              font-size: 25px;
05          }
06          p+p {
07              text-decoration: underline;
08          }
09      </style>
10  </head>
11  <body>
12      <p>这是段落1</p>
13      <div>这是一个div元素</div>
14      <p>这是段落2</p>
15      <p>这是段落3</p>
16      <p>这是段落4</p>
17  </body>
```

第03行的相邻兄弟选择器"div+p"用于选择div元素后面的第一个同级p元素，因此第14行的p元素字体是25px。第06行的相邻兄弟选择器"p+p"用于选择p元素后面的第一个同级p元素，因

此第15、16行的p元素均被选中，为文字添加了下画线效果。例7-5的运行效果如图7-5所示。

图 7-5　相邻兄弟选择器的效果

7.1.6　通用兄弟选择器

通用兄弟选择器用于选择和某个元素具有相同的父元素且在该元素后面的元素。语法格式如下：

选择器1~选择器2　{属性1：属性值1；属性2：属性值2；...}

"~"称为通用兄弟结合符，在其左右两边有无空格都正确。两种元素必须拥有相同的父元素，但是选择器2选中的元素不必紧随选择器1选中的元素。

【例 7-6】通用兄弟选择器

```
01    <head>
02        <style type="text/css">
03          div~p {
04              font-size: 25px;
05          }
06        </style>
07    </head>
08    <body>
09        <p>这是段落1</p>
10        <div>这是一个div元素</div>
11        <p>这是段落2</p>
12        <p>这是段落3</p>
13        <p>这是段落4</p>
14    </body>
```

第03行的通用兄弟选择器"div~p"用于选择div元素后面的所有同级p元素，因此第11、12、13行的p元素均被选中，字体被设置为25px。例7-6的运行效果如图7-6所示。

图 7-6　通用兄弟选择器的效果

7.2　属性选择器

属性选择器是使用元素的属性及（或）属性值来选择元素的选择器。常用CSS属性选择器如表7-1所示。

表 7-1　CSS 属性选择器

选 择 器	例　　子	描　　述
[attribute]	[target]	选择带有 target 属性的所有元素
[attribute=value]	[target=_blank]	选择带有 target="_blank"属性的所有元素
[attribute~=value]	[title~=flower]	选择带有包含"flower"一词的 title 属性的所有元素
[attribute|=value]	[lang|=en]	选择带有以"en"开头的 lang 属性的所有元素
[attribute^=value]	a[href^="https"]	选择其 href 属性值以"https"开头的每个 a 元素
[attribute$=value]	a[href$=".pdf"]	选择其 href 属性值以".pdf"结尾的每个 a 元素
[attribute*=value]	a[href*=" flower "]	选择其 href 属性值包含子串"flower "的每个 a 元素

在使用属性选择器时，其设置语法主要有以下两种格式：

```
属性选择器1属性选择器2...{属性1：属性值1；属性2：属性值2；...}
标签选择器属性选择器1属性选择器2...{属性1：属性值1；属性2：属性值2；...}
```

第一种格式表示可以在任意类型的元素中进行选择，第二种格式则表示只能在指定类型的元素中进行选择。

【例 7-7】属性选择器

```
01   <head>
02     <style type="text/css">
03       [class] {
04            font-style: italic;
05       }
06       li[class="a"] {
07            background-color: yellow;
08       }
09       li[class~="a"] {
10            text-decoration: underline;
11       }
12       li[class^="d"] {
13            font-size: 20px;
14       }
15       li[class] [id] {
16            font-weight: bold;
17       }
18     </style>
19   </head>
20   <body>
21       <ul>
```

```
22          <li>Item 1</li>
23          <li class="a">Item 2</li>
24          <li class="a b">Item 3</li>
25          <li class="ab">Item 4</li>
26          <li class="d">Item 5</li>
27          <li class="de">Item 6</li>
28          <li class="dedef">Item 7</li>
29          <li class=" " id=" ">Item 8</li>
30      </ul>
31  </body>
```

例7-7中使用了4个属性选择器，其
中[class]匹配任何有class属性的元素，
即匹配了除了Item 1以外的所有li；
li[class="a"]匹配带有一个a类的li元素，
即匹配了Item 2；li[class~="a"]既可以匹
配一个a类，也可以匹配一列用空格分
开且包含a类的li元素，即匹配了Item 2
和Item 3；li[class^="d"]匹配任何class属
性值以d开头的li元素，即匹配了Item
5、Item 6和Item 7三项；li[class] [id] 匹
配任何有class属性和id属性的li元素，即
匹配了Item 8。运行效果如图7-7所示。

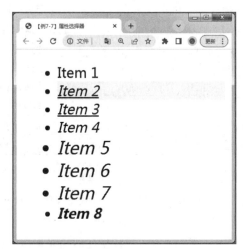

图 7-7   属性选择器的效果

7.3   伪类选择器

伪类用于定义元素的特殊状态，例如设置鼠标悬停在元素上的样式，为已访问和未访问链接
设置不同的样式，设置元素获得焦点时的样式等。语法格式如下：

选择器名:伪类{属性1：属性值1；属性2：属性值2；...}

选择器可以是任意类型。当选择器是a标签选择器时，也可以省略选择器名，比如写成
":link"；另外，伪类前的":"是伪类选择器的标识，不能省略。常用的CSS伪类选择器如表7-2
所示。

表 7-2   CSS 伪类选择器

伪类选择器	示　　例	描　　述
:active	a:active	选择活动的链接
:hover	a:hover	选择鼠标悬停其上的链接
:link	a:link	选择所有未被访问的链接

（续表）

伪类选择器	示　　例	描　　述
:visited	a:visited	选择所有已访问的链接
:checked	input:checked	选择每个被选中的 input 元素
:disabled	input:disabled	选择每个被禁用的 input 元素
:enabled	input:enabled	选择每个已启用的 input 元素
:focus	input:focus	选择获得焦点的 input 元素
:first-child	p:first-child	选择作为其父的首个子元素的每个 p 元素
:nth-child(n)	p:nth-child(2)	选择作为其父的第二个子元素的每个 p 元素
:first-of-type	p:first-of-type	选择作为其父的首个 p 元素的每个 p 元素
:nth-of-type(n)	p:nth-of-type(2)	选择作为其父的第二个 p 元素的每个 p 元素

【例 7-8】伪类选择器

```
01    <head>
02        <style type="text/css">
03            a {
04                text-decoration: none;
05            }
06            a:hover {
07                text-decoration: underline;
08            }
09            a:first-child {
10                font-size: 30px;
11            }
12            a:nth-child(2) {
13                font-style: italic;
14            }
15            a:nth-of-type(2) {
16                font-weight: bold;
17            }
18        </style>
19    </head>
20    <body>
21        <a href="https://www.gfbzb.gov.cn/">全国征兵网</a><br>
22        <span><a href="https://www.w3school.com.cn/">
w3school</a></span><br>
23        <a href="https://developer.mozilla.org/">MDN</a>
24    </body>
```

例7-8中使用了4个伪类选择器，代码第06~08行表示当鼠标悬浮在超链接上时，向a元素添加下画线样式；代码第09行表示选中作为其父的首个子元素的每个a元素，第21行的a元素的父元素是body，它是body的第一个子元素，因此字体大小是30px；代码第12行表示选中作为其父的第二个子元素的每个a元素，页面中没有匹配项；代码第15行表示选中作为其父的第二个a元素的每个a元素，第23行的a元素的父元素是body，它是body元素的第二个a元素，因此字体效果是加粗。运行效果如图7-8所示。

图 7-8　伪类选择器的效果

【例 7-9】focus 伪类选择器

```
01  <head>
02    <style type="text/css">
03      input:focus{
04        background-color: yellow;
05      }
06    </style>
07  </head>
08  <body>
09    <form action="" name="" method="">
10      姓名: <input type="text" name="username"> <br>
11      密码: <input type="password" name="pwd">
12    </form>
13  </body>
```

例7-9中input:focus选择获得焦点的input元素。当姓名文本框被单击时，其背景色将设置为黄色。运行效果如图7-9所示。

图 7-9　focus 伪类选择器的效果

7.4　伪元素选择器

伪元素选择器用于设置元素指定部分的样式，例如设置元素的首字母及首行的样式，在元素的内容之前或之后插入内容等。语法格式如下：

选择器名::伪元素{属性1: 属性值1; 属性2: 属性值2;...}

选择器可以是任意类型；伪元素前的"::"是伪元素选择器的标识，不能省略。常用的CSS伪元素如表7-3所示。

表 7-3　CSS 伪元素选择器

伪元素选择器	例　　子	描　　述
::after	p::after	在每个 p 元素之后插入内容
::before	p::before	在每个 p 元素之前插入内容
::first-letter	p::first-letter	选择每个 p 元素的首字母
::first-line	p::first-line	选择每个 p 元素的首行

【例 7-10】::first-letter 和::first-line

```
01   <head>
02     <style type="text/css">
03       p::first-letter{
04           font-size: 25px;
05       }
06       p::first-line{
07           font-weight: bold;
08       }
09     </style>
10   </head>
11   <body>
12     <p>我们常说，生活没有标准答案……奋力拼搏</p>
13   </body>
```

例7-10中使用了2个伪元素选择器，p::first-letter选中了段落的第一个字符，p::first-line选中了段落的第一行。运行效果如图7-10所示。

图 7-10　::first-letter 和::first-line 的效果

【例 7-11】::before 和::after

```
01   <style>
02     .decorated-box::before {
03       content: "▶";
04       /* 使用Unicode字符添加一个播放图标 */
05       color: blue;
06       /* 设置图标颜色为蓝色 */
07       font-size: 1.5em;
08       /* 设置图标字体大小为1.5倍 */
09       margin-right: 5px;
10       /* 设置图标与内容的间距 */
11     }
12     .decorated-box::after {
13       content: "▲";
```

```
14          /* 使用Unicode字符添加一个向上的三角形 */
15          color: green;
16          /* 设置三角形颜色为绿色 */
17          font-size: 1.5em;
18          /* 设置三角形字体大小为1.5倍 */
19          margin-left: 5px;
20          /* 设置三角形与内容的间距 */
21      }
22      </style>
23  <body>
24      <p class="decorated-box">向未来张望的时光，或许孤独而漫长，希望努力过后，都
是晴朗。</p>
25  </body>
```

例7-11中，decorated-box::before伪元素会在.decorated-box元素的内容之前插入一个播放图标
（Unicode 字符 "▶"），并设置了一些样式属性，包括字体大小和颜色等。同样
地，.decorated-box::after伪元素会在.decorated-box元素的内容之后插入一个向上的三角形（Unicode
字符 "▲"）。运行效果如图7-11所示。

图 7-11 ::before 和::after 的效果

💡 **注意：** ::before 和::after 为开发者提供了在不改变 HTML 结构的情况下，向页面元素添加额外内容
的能力，这使得 CSS 的样式设计更为灵活和丰富。

这两个伪元素在 CSS3 中是以双冒号（::）的形式表示的，但在一些旧的浏览器中，为了兼容性，仍然
使用单冒号（:）的写法。

7.5 CSS 三大特性

CSS三大特性是指继承性、层叠性和优先级。其中，层叠性和优先级是用来解决CSS冲突的
原则。例如，对一个<div id="test">标签同时定义两个样式，即div{color:red}和#test{color:blue}，一
个是标签选择器，一个是ID选择器，此时，<div>标签是显示红色，还是蓝色呢？在显示页面时，
浏览器通过遵循层叠性和优先级等原则来解决CSS冲突。

1. 继承性

子元素会继承父元素的某些样式，如文本颜色和字号。想要设置一个可继承的属性，只需将
它应用于父元素即可。恰当地使用继承可以简化代码，降低CSS样式的复杂性。例如，代码"body

{font:12px}"设置页面的文字大小统一是12px。

　　子元素可以继承的属性有字体系列、文本系列、元素可见性、列表布局、光标等,不可以继承的属性有边框、内外边距、背景、定位等。

【例 7-12】继承性

```
01    <head>
02        <style type="text/css">
03            div{
04                font-style: italic;
05                border: 1px solid red;
06            }
07        </style>
08    </head>
09    <body>
10        <div>百年征程<span>波澜壮阔</span>,百年初心历久弥坚。</div>
11    </body>
```

　　第03~06行代码设置了div元素的字体样式和边框;第10行span元素的文本"波澜壮阔"显示为斜体字,是因为它继承了父元素div的字体样式,而它没有边框,是因为border属性不能继承。例7-12的运行效果如图7-12所示。

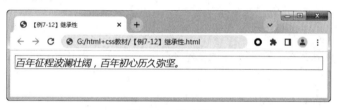

图 7-12　继承性

2. 层叠性

　　层叠性是浏览器处理冲突的一个原则。如果同一个样式通过两个相同选择器设置到同一个元素上,那么其中一个样式就会将另一个样式覆盖掉。

　　当产生样式冲突时,层叠性遵循的原则是"就近原则",即哪个样式离结构近,就执行哪个样式。样式不冲突,不会层叠。

【例 7-13】层叠性

```
01    <head>
02        <style type="text/css">
03            div{
04                font-size: 20px;
05            }
06            div{
07                font-size: 25px;
08            }
09        </style>
10    </head>
11    <body>
```

```
12        <div>参天之木，必有其根；怀山之水，必有其源。</div>
13    </body>
```

第03行和第06行均是标签选择器，分别设置了div不同的文字大小。由于第06行的选择器距离第12行的div元素较近，因此会层叠掉第03行的样式。例7-13的运行效果如图7-13所示。在开发者工具中可以看到，不起作用的样式已被删除，如图中方框所示。

图 7-13　层叠性

3. 优先级

给同一个元素指定多个不同的选择器，就会产生优先级。样式的优先级由样式类型和选择器类型决定。

CSS对样式类型的优先级规定为：行内样式>内嵌样式|外部样式，即行内样式的优先级最高，而内嵌样式和链接外部样式的优先级由它们出现的位置决定，谁出现在后面，谁的优先级就高。

选择器的优先级规定为：ID选择器>类选择器|伪类选择器|属性选择器>标签选择器|伪元素选择器>通配符选择器|子元素选择器|相邻兄弟选择器，即ID选择器的优先级最高。

选择器的优先级可以由特殊性值来判断。一个选择器的优先级特殊性值由3个不同的值（或分量）组成，这3个值可以看作一个三位数。

● ID：若选择器中包含一个ID选择器，则百位得1分。

● 类：若选择器中包含一个类选择器、属性选择器或者伪类选择器，则十位得1分。

● 元素：若选择器中包含一个元素、伪元素选择器，则个位得1分。

通用选择器（*）、组合符（+、>、~、''）不会影响优先级。优先级特殊性值示例如表7-4所示。

表 7-4　优先级特殊性值

选 择 器	ID	类	元　　素	优先级特殊性值
h1	0	0	1	0-0-1
h1 + p::first-letter	0	0	3	0-0-3
li > a[href*="en-US"] > .inline-warning	0	2	2	0-2-2
#identifier	1	0	0	1-0-0

特殊性值数值越大，优先级越高。因此，表7-4中的优先级从高到低依次是#identifier、li > .inline-warning、h1 + p::first-letter、h1。

此外，把"!important"加在样式的后面，可以提升样式的优先级为最高级（高过内联样式）。

> 💡 **注意：** 应用样式时，CSS 会先查看规则的权重（!important），加了权重的优先级最高，当权重相同时，再比较规则的特殊性值。如非必要，建议不要使用!important，因为它改变了层叠的常规工作方式，使调试 CSS 问题变得非常困难，特别是在大型样式表中。
>
> 相同特殊性值的声明，根据样式引入的顺序，后声明的规则优先级更高（距离元素最近的）。

【例 7-14】优先级

```
01  <head>
02    <style type="text/css">
03      #box1 .ph span {   /*特殊性值1-1-1*/
04          color:blue;
05      }
06      #box1 p span {   /*特殊性值1-0-2*/
07          color: red;
08      }
09    </style>
10  </head>
11  <body>
12    <div id="box1">
13      <p class="ph">
14          <span>看得见山</span>，望得见水，记得住乡愁。
15      </p>
16    </div>
17  </body>
```

第03行"#box1 .ph span"选择器和第6行"#box1 p span"选择器均选中了第14行的span元素。"#box1 .ph span"选择器的特殊性值1-1-1大于"#box1 p span"选择器的特殊性值1-0-2，因此span元素的文本为斜体。例7-14的运行效果如图7-14所示。

图 7-14 优先级的效果

7.6 本 章 小 结

本章介绍了CSS高级选择器和CSS三大特性。使用CSS高级选择器，可以更加快捷高效地选择页面中的元素；利用CSS三大特性中的层叠性与优先级，能够解决CSS样式冲突问题。

第8章

CSS3 盒子模型

页面布局是Web前端的基础性和关键性工作，使用盒子模型可以将整个页面划分为不同的区域，进而实现页面布局。盒子模型是CSS布局的基础，它影响着元素的布局和定位。本章将介绍盒子模型的基本概念、构成、常用的属性及背景的设置方法。

本章学习目标

● 了解盒子模型的基本概念和构成，能够计算、分配盒子在页面中占用的宽度和高度。
● 掌握盒子模型常用属性的设置方法，能够通过属性对盒子进行美化。
● 掌握盒子模型背景的设置方法，能够恰当地为盒子设置背景颜色和图像。

8.1 盒子模型概述

本节先来介绍一下盒子模型，让读者对盒子模型有清晰的认知。

8.1.1 认识盒子模型

盒子模型是网页设计中常用的一种布局思维模型。在盒子模型中，把HTML页面中的元素看作盒子，在进行页面布局时，首先用盒子将页面划分为若干个区域，然后在盒子中放置文字、图片、音视频等内容，这样就可以实现页面的布局。盒子由内容（content）、内边距（padding）、边框（border）和外边距（margin）四部分组成，如图8-1所示。

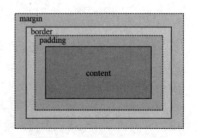

图 8-1　盒子模型的组成

其中，content是要呈现在页面中的主体内容，border是盒子的边框线，padding是主体内容与盒子边框之间的距离，margin是盒子与盒子之间的距离。类比生活中常见的照片墙，每一个相框就是一个盒子，相框中的照片为content，相框框架为border，照片与相框框架之间的留白为padding，相框与相框之间的间隔为margin。

一个盒子在页面中所占的总宽度和总高度是以上四项的总和，即：

● 盒子的总宽度=左边距+左边框+左填充+宽度+右填充+右边框+右间距

● 盒子的总高度=上边距+上边框+上填充+高度+下填充+下边框+下间距

下面通过一个简单的例子来演示盒子模型的使用。

【例 8-1】认识盒子模型

```
01  <!DOCTYPE html>
02  <html>
03  <head>
04      <meta charset="UTF-8">
05      <title>认识盒子模型</title>
06      <style>
07          .box{
08              width: 300px;
09              height: 200px;
10              border: 10px solid #FF0000;
11              padding: 30px;
12              margin: 40px;
13          }
14      </style>
15  </head>
16  <body>
17      <div class="box">鲜衣怒马少年时，不负韶华行可知</div>
18  </body>
19  </html>
```

在例8-1中定义了一个内容区域宽度为300px、高度为200px，边框为10px、红色、实线，内边距为30px，外边距为40px的盒子，运行结果如图8-2所示。通过Chrome的Web开发者工具可以清楚地看到盒子模型各部分所占的宽度和高度。

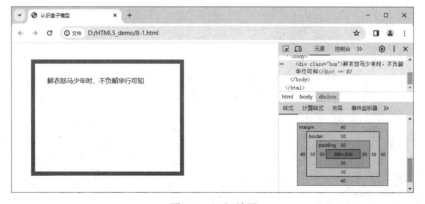

图 8-2　运行效果

💡 **注意：**　虽然盒子模型包含宽度、高度、边框、内边距、外边距等属性，但并不是每个盒子都需要设置这些属性，可以根据实际情况选择使用。

8.1.2　<div>标签

大多数网页元素本质上都是以盒子的形式存在的，如p、h1~h6、ul、li等，习惯上更常见的是使用<div>标签来表示一个盒子。div是英文"division"的缩写，意为"分割、区域"，一对<div></div>标签就代表了一个盒子，其本身并不显示任何内容，只是一个区块容器，在该容器中可以放置文字、图像、表单等元素，也可以嵌套<div>标签。

<div>标签常搭配CSS一起使用：在CSS中定义盒子的宽度、高度、边框、内边距、外边距等属性，然后在div标签中通过id或class属性套用CSS样式就可以很方便地将页面划分为不同的独立区域，进而实现网页的页面布局。

8.2　盒子模型的相关属性

本节主要介绍盒子模型的相关属性，包括内容区域的宽度和高度、边框、内边距和外边距。

8.2.1　内容区域的宽度和高度

一个盒子在页面中代表了一个独立的区域，通常需要根据要呈现的内容来为其设置宽度和高度。在CSS中，使用宽度属性width和高度属性height分别设置内容区域的宽度和高度，宽度和高度的数值单位可以使用像素（px）或者百分比（%），实际中通常使用像素作为单位。

下面通过一个例子来演示内容区域的宽度和高度的设置方法，并对数值单位像素和百分比进行对比。

【例8-2】内容区域的宽度和高度

```
01    <!DOCTYPE html>
02    <html>
03    <head>
04        <meta charset="UTF-8">
05        <title>内容区域的宽度和高度</title>
06        <style>
07            .box_pixel {width: 300px; height: 80px; background-color: #F7AF62;}
08            .box_percent {width: 50%; height: 80px; background-color: #B9FABC;
margin-top: 20px;}
09        </style>
10    </head>
11    <body>
12        <div class="box_pixel">志存高远方能登高望远，胸怀天下才可大展宏图。</div>
13        <div class="box_percent"> 时代各有不同，青春一脉相承。</div>
14    </body>
```

```
15    </html>
```

例8-2的运行效果如图8-3所示。

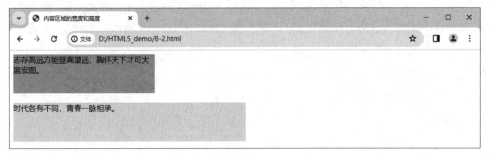

图 8-3　内容区域的宽度和高度

💡 **注意：** 宽度和高度属性仅对块元素有效，对内联元素设置宽度和高度是无效的。若要对内联元素设置宽度和高度，需通过 CSS 中的 display:block 将内联元素转换为块元素后方可有效。关于块元素和内联元素，在后续章节再做详细介绍。

8.2.2　边框

为盒子添加适当的边框可以使其边界更加清晰，让页面整体布局更为美观。边框的设置包含边框样式、边框宽度、边框颜色3个属性。在CSS3中新增了圆角边框、图片边框等特性。

1. 边框样式

在CSS属性中，border-style属性用于设置边框样式，语法格式如下：

```
border-style:上边框样式 [右边框样式 下边框样式 左边框样式]
```

border-style的属性值如表8-1所示。

表 8-1　border-style 属性值

属　性　值	描　　述	属　性　值	描　　述
none	默认值，无边框样式	dotted	点线
solid	单实线	double	双实线
dashed	虚线		

4条边框的样式按照上、右、下、左（顺时针方向）依次设置，属性值之间用空格隔开。在设置边框样式时，可以为4条边框选择相同的样式，也可以分别设置不同的样式。示例代码如下：

```
01    p{border-style:solid solid solid solid}
02    h2{border-style: double none double none}
```

border-style的属性值遵循值复制原则，在设置属性值时可以按照既定规则省略部分相同的属性值。当设置1个属性值时，表示4个属性值均相同；当设置2个属性值时，第1个属性值代表上、下边框样式，第2个属性值代表左、右边框样式；当设置3个属性值时，第1个属性值代表上边框样式，第2个属性代表左、右边框样式，第3个属性代表下边框样式。因此，上面的代码也可以这样写：

```
01    p{border-style:solid}
02    h2{border-style: double none}
```

在 CSS 属 性 中 还 提 供 了 border-top-style 、 border-bottom-style 、 border-left-style 、border-right-style属性，分别用于设置上、下、左、右边框的样式，其属性值与border-style相同，此处不再赘述。

【例 8-3】边框样式

```
01    <!DOCTYPE html>
02    <html>
03    <head>
04        <meta charset="UTF-8">
05        <title>边框样式</title>
06        <style>
07            h2{border-bottom-style: double;} /*下边框为双实线*/
08            .p1{border-style: solid} /*均为单实线*/
09            .p2{border-style: solid dotted} /*上下单实线，左右点线*/
10            /*上为单实线，左右点线，下为虚线*/
11            .p3{border-style: solid dotted dashed}
12            /*上为单实线，右为点线，下为虚线，左为双实线*/
13            .p4{border-style: solid dotted dashed double;}
14        </style>
15    </head>
16    <body>
17        <h2>早发白帝城</h2>
18        <p class="p1">朝辞白帝彩云间，</p>
19        <p class="p2">千里江陵一日还。</p>
20        <p class="p3">两岸猿声啼不住，</p>
21        <p class="p4">轻舟已过万重山。</p>
22    </body>
23    </html>
```

例8-3中采用多种方式定义了不同的边框样式，运行效果如图8-4所示。

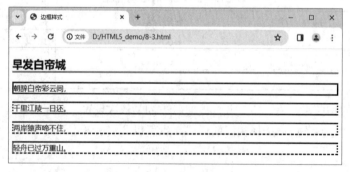

图 8-4   边框样式

2. 边框宽度

border-width属性用于设置边框的宽度，语法格式如下：

```
border-width:上边框宽度 [右边框宽度 下边框宽度 左边框宽度]
```

border-width的属性值可以是thin（细线）、medium（中等粗细）、thick（粗线）或者具体的数值（单位为px）。边框宽度需要和边框样式同时使用，若未设置边框样式，则设置的边框宽度不会生效。

与边框样式类似，可以为4条边框设置相同的宽度，也可以单独设置每条边框的宽度。边框宽度的属性值也遵循值复制原则，使用方法参照边框样式的设置。

此外，也可以通过border-top-width、border-bottom- width、border-left-width、border-right-width属性分别设置上、下、左、右边框的宽度。

【例 8-4】边框宽度

```
01   <!DOCTYPE html>
02   <html>
03   <head>
04       <meta charset="UTF-8">
05       <title>边框宽度</title>
06       <style>
07           div{width: 300px;height: 70px;margin-top: 10px;}
08           .box1{border-width: 1px;}
09           .box2{border-style: solid;border-width: 1px;}
10           .box3{border-style: solid;border-width: 1px 3px;}
11           .box4{border-style: solid;border-top-width: 10px}
12       </style>
13   </head>
14   <body>
15       <!--用4个div分别套用box1~box4定义的样式，详见随书电子资源-->
16   </body>
17   </html>
```

第07行代码通过标签选择器div设置边框宽度、高度和上间距，第08~11行代码通过4种方式分别定义边框的宽度。例8-4的运行效果如图8-5所示。

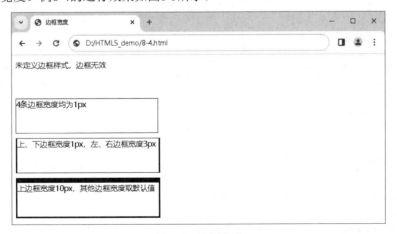

图 8-5　边框宽度

3. 边框颜色

为边框选取合适的颜色可以让页面更加丰富多彩，可以通过border-color属性来设置边框的颜色，语法格式如下：

```
border-color:上边框颜色 [右边框颜色 下边框颜色 左边框颜色]
```

border-color的属性值可以是预定义的颜色值、十六进制颜色值、方法rgb(r,g,b)和方法 rgba(r,g,b,a)。

在设置边框颜色时，可以为4条边框设置相同的颜色，也可以单独设置每条边框的颜色。边框 颜色的属性值也遵循值复制原则，使用方法参照边框样式的设置。

在 CSS 属性中同样提供了 border-top-color、border-bottom-color、border-left-color、 border-right-color属性，分别用于设置上、下、左、右边框的颜色。

【例 8-5】边框颜色

```
01    <!DOCTYPE html>
02    <html>
03    <head>
04      <meta charset="UTF-8">
05      <title>边框颜色</title>
06      <style>
07          div {width: 350px; height: 50px; margin-top: 10px; border-style:
solid; border-width: 5px;}
08          .box1{border-color: red;} /*4条边框均为红色*/
09          .box2{border-color: #FF0000 #00FF00;} /*上、下红色，左、右绿色*/
10          .box3{border-bottom-color: rgb(255,0,0);} /*下边框为红色，其他边框取
默认值（黑色）*/
11          .box4{border-color: rgba(255,0,0,0.3);} /*均为红色，颜色透明度0.3*/
12      </style>
13    </head>
14    <body>
15      <!--用4个div分别套用box1~box4定义的样式，详见随书电子资源-->
16    </body>
17    </html>
```

例8-5的运行效果如图8-6所示。

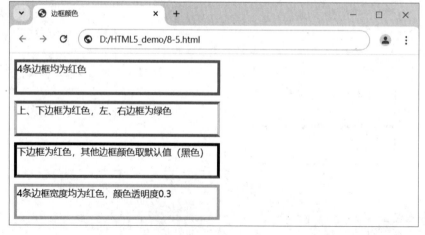

图 8-6　边框颜色

4. 综合设置

在使用边框时，通常需要同时设置边框的样式、宽度和颜色，使用border属性可以同时设置以上3种属性，更为简单方便，其语法格式如下：

```
border:边框宽度 边框样式 边框颜色
```

属性值中的边框宽度、边框样式、边框颜色之间用空格分隔，且无先后顺序，可以只设置需要的属性值，省略的属性将取默认值，但边框样式的属性值不能省略。

使用border属性进行综合设置时会对4条边框同时生效，若想对某一条边框进行综合设置，可使用单侧复合属性border-top、border-bottom、border-left、border-right，其语法与border相同，此处不再赘述。

【例 8-6】边框综合设置

```
01  <!DOCTYPE html>
02  <html>
03  <head>
04      <meta charset="UTF-8">
05      <title>边框综合设置</title>
06      <style>
07          div{width: 350px;height: 50px;margin-top: 10px;}
08          .box1{border: 5px solid #FF0000;}
09          .box2{border: dotted}
10          .box3{border:5px #FF0000} /*省略了边框样式属性，边框无效*/
11          .box4{border-bottom: 5px solid #FF0000;}
12      </style>
13  </head>
14  <body>
15      <!--用4个div分别套用box1~box4定义的样式，详见随书电子资源-->
16  </body>
17  </html>
```

例8-6中演示了几种不同的设置边框的方式。其中，第10行代码的类选择器.box3中未设置边框样式，因此边框无效。运行效果如图8-7所示。

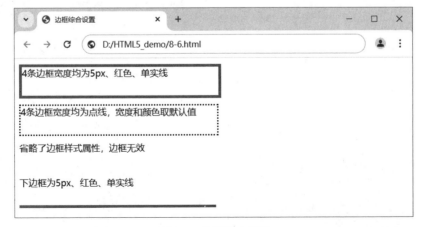

图 8-7　边框综合设置

5. 圆角边框

在CSS3中新增了圆角边框。与直角边框相比，圆角边框看起来更为平滑，有助于提升视觉舒适度，让用户的注意力更容易聚焦在内容上。圆角边框多用在按钮或卡片式的布局中。通过CSS属性中的border-radius来实现圆角边框，语法格式如下：

```
border-radius:圆角半径
```

border-radius的属性值为圆角半径值，可以是长度或百分比。圆角边框是由以圆角半径为半径的圆和原有边框叠加而成的，如图8-8所示。圆角半径的值越大，圆角对应的弧度就越大，圆角就更平滑。

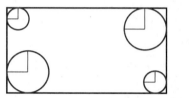

图 8-8　圆角边框的形成示意图

border-radius同样遵循值复制原则，在使用时可以统一设置4个角的半径大小，也可以分别设置，或者通过border-top-left-radius（左上圆角半径）、border-top-right-radius（右上圆角半径）、border-bottom-right-radius（右下圆角半径）、border-bottom-left-radius（左下圆角半径）单独设置。

【例8-7】圆角边框

```
01    <!DOCTYPE html>
02    <html>
03    <head>
04        <meta charset="UTF-8">
05        <title>圆角边框</title>
06        <style>
07            div{width: 300px;height: 70px;margin-top: 10px;}
08            .box1{border: 1px solid #FF0000; border-radius: 8px;}
09            .box2{border: 1px solid #FF0000;border-radius:8px 20px;}
10            .box3{border: 1px solid #FF0000;border-top-left-radius: 15px}
11            img{border-radius: 10px;}
12        </style>
13    </head>
14    <body>
15        <div class="box1">统一设置4个角的半径为8px</div>
16        <div class="box2">左上角、右下角的半径为8px，左下角、右上角的半径为
20px</div>
17        <div class="box3">左上角的半径为15px，其他角不设置</div>
18        <div><img src="images/poster.jpg" alt=""></div>
19    </body>
20    </html>
```

例8-7中对几种定义圆角边框的方法进行了演示和对比，第11行代码对图片设置圆角边框。运行效果如图8-9所示。

图 8-9　圆角边框

在一个正方形盒子中，当四个角的圆角半径均为盒子边长的一半时，圆心为正方形盒子的中心，四个圆角会重合，此时会实现一个正圆效果。借此可以实现常见的圆形头像、提示信息的小红点等。

【例 8-8】圆形效果

```
01  <!DOCTYPE html>
02  <html>
03  <head>
04      <meta charset="UTF-8">
05      <title>圆形效果</title>
06      <style>
07          .tips {
08              width: 30px;
09              height: 30px;
10              border-radius: 15px;  /*或50%*/
11              background-color: #FF0000;
12              color: #FFFFFF;
13              text-align: center;
14              line-height: 30px;/*与height属性的值相同, 使文本垂直居中*/
15          }
16          .userProfile {
17              width: 100px;
18              height: 100px;
19              border-radius: 50px;
20          }
21      </style>
22  </head>
23  <body>
24      <div class="tips">3</div>
25      <img src="images/profile.png" alt="" class="userProfile">
26  </body>
27  </html>
```

例8-8的运行效果如图8-10所示。

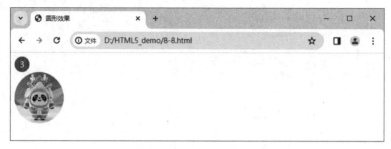

图 8-10　圆形效果

> 💡 **注意：** border-radius 也支持两个属性值，当给定两个属性值时，第一个值表示水平半径，第二个值表示垂直半径，即以一个椭圆和原来的边框进行重叠。

CSS3 中还新增了图片边框，可以将一幅图片设置为边框，但由于其兼容性较差，因此使用频率较低，此处不再介绍。

8.2.3　内边距

内边距也称为内填充，是指内容与边框之间的距离，恰当地设置内边距可以使主要内容更加突出，创造出深度感，增强视觉效果，达到"画留三分白，生气随之发"的艺术效果。在CSS中使用padding属性设置内边距，语法格式如下：

```
padding:值1 [值2 值3 值4]
```

padding属性值可以是auto（默认值）、百分比或具体的数值。当为百分比时，是指相对于父元素或浏览器的宽度。在实际使用中常用像素（px）作为单位。此外，padding属性值不能为负数。

在使用时，padding同样遵循值复制原则，属性值可以有1~4个值，也可以通过padding-top（上填充）、padding-bottom（下填充）、padding-left（左填充）、padding-right（右填充）单独设置。由于padding是元素内容和边框之间的距离，因此设置padding后会使盒子在页面中占的总宽度和总高度变大。若要保持总宽度和总高度不变。则需适当减少内容区域的宽度和高度。

> 💡 **注意：** 留白是中国艺术作品创作中常用的一种手法。方寸之地亦显天地之宽，恰到好处的留白是一种极致的静，一种空灵的美。

留白也是一种人生境界和态度，是一种平衡和智慧的生活哲学，理性看待生活中的得失和挫折，让自己去思考、沉淀、反思和成长。花开半时月未满，酒至微醺情正酣。不急不燥，学会等待，领悟"小满"即安的智慧。

【例 8-9】内边距

```
01  <!DOCTYPE html>
02  <html>
03  <head>
04      <meta charset="UTF-8">
05      <title>内边距</title>
```

```
06        <style>
07          div {
08             width: 300px;
09             height: 30px;
10             border: 1px solid #000000;
11             margin-top: 10px;
12          }
13          .box1{padding: 10px;}
14          .box2{padding: 10px 20px}
15          .box3{padding-left: 50%}
16        </style>
17    </head>
18    <body>
19        <div>无内边距</div>
20        <div class="box1">上、下、左、右内边距均为10px</div>
21        <div class="box2">上、下内边距10px, 左、右内边距20px</div>
22        <div class="box3">左内边距为父元素的50%</div>
23    </body>
24    </html>
```

第08、09行代码定义盒子自身的宽度为300px，高度为30px；第13行代码在类选择器.box1中设置上、下、左、右内边距均为10px，故盒子总宽度和总高度均会增加20px；第15行代码在类选择器.box3中单独设置左边距为50%，第22行代码的div的父元素为body，故是相对于浏览器窗口宽度的50%。例8-9的运行效果如图8-11所示。

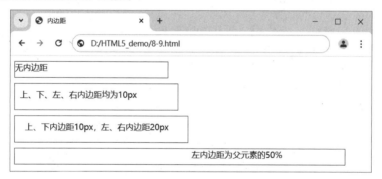

图 8-11　内边距

8.2.4　外边距

外边距指的是盒子与盒子之间的距离。在CSS中，margin属性用于设置外边距，语法格式如下：

```
margin:值1 [值2 值3 值4]
```

margin属性值可以是auto（默认值）、百分比或具体的数值。在已指定盒子宽度的前提下设置其左、右边距为auto，可以让盒子水平居中显示。当margin属性值为百分比时，是指相对于父元素或浏览器的宽度。在实际使用中常用像素（px）作为单位。与padding属性不同，margin属性值可以为负数。

在使用时，margin同样遵循值复制原则，属性值可以有1~4个值，也可以通过margin-top（上边距）、margin-bottom（下边距）、margin-left（左边距）、margin-right（右边距）单独设置。

【例 8-10】外边距

```
01  <!DOCTYPE html>
02  <html>
03  <head>
04      <meta charset="UTF-8">
05      <title>外边距</title>
06      <style>
07          div {
08              width: 500px;
09              height: 40px;
10              border: 1px solid #000000;
11              margin-top: 10px;
12          }
13          .box1{margin: 10px;}
14          .box2{margin: 10px 20px}
15          .box3{margin-left: 50%}
16          .box4{margin: 10px auto}
17      </style>
18  </head>
19  <body>
20      <div>无外边距</div>
21      <div class="box1">上、下、左、右外边距均为10px</div>
22      <div class="box2">上、下外边距10px，左、右外边距20px</div>
23      <div class="box3">左外边距为父元素的50%</div>
24      <div class="box4">已设置盒子宽度前提下，通过左右外边距为auto实现盒子水平居中</div>
25  </body>
26  </html>
```

例8-10的运行效果如图8-12所示。

图 8-12　外边距

在浏览器中，常用的页面元素会有一些默认的内边距和外边距，因此在图8-12中可以看到第一个盒子距浏览器左侧和上边均有一些间距。可以使用通配符"*"来匹配所有元素，然后清除默认的内边距和外边距。

```
*{padding:0;margin:0; }
```

8.3　阴　影

在CSS3中新增了box-shadow属性来设置盒子的阴影。通过为盒子设置阴影可以让盒子更具有立体感和深度感。box-shadow属性的语法格式如下：

```
box-shadow: h-shadow v-shadow blur spread color inset;
```

其中，各属性值的含义如下：

- h-shadow：必选参数，表示水平方向上的阴影偏移量，可以是正值、负值或者 0（向右为正）。
- v-shadow：必选参数，表示垂直方向上的阴影偏移量，可以是正值、负值或者 0（向下为正）。
- blur：可选参数，表示阴影的模糊程度，可以是正值、负值或者 0，值越大，阴影边缘越模糊。
- spread：可选参数，表示阴影的扩展半径，可以是正值、负值或者0。
- color：可选参数，表示阴影的颜色，可以使用颜色值、关键字或者 rgba()函数来定。
- inset：可选参数，表示阴影是否为内阴影，默认为外阴影。

阴影的原理是复制一个当前元素。spread用于控制复制出的元素的半径大小。通过调整上述参数的值，可以实现不同的阴影效果。下面通过一个例子对以上参数进行对比。

【例 8-11】阴影参数对比

```
01    <!DOCTYPE html>
02    <html>
03    <head>
04       <meta charset="UTF-8">
05       <title>阴影参数对比</title>
06       <style>
07          p{width: 70px;height: 70px;display: inline-block;margin: 15px;}
08          /*水平阴影的偏移量对比*/
09          .p1{box-shadow: -10px 0 10px 10px rgba(0,0,0,0.2)}
10          .p2{box-shadow: 0 0 10px 10px rgba(0,0,0,0.2)}
11          .p3{box-shadow: 10px 0 10px 10px rgba(0,0,0,0.2)}
12          /*垂直阴影的偏移量对比*/
13          .p4{box-shadow: 0 -10px 10px 10px rgba(0,0,0,0.2)}
14          .p5{box-shadow: 0 0 10px 10px rgba(0,0,0,0.2)}
15          .p6{box-shadow: 0 10px 10px 10px rgba(0,0,0,0.2)}
16          /*阴影的模糊程度对比*/
17          .p7{box-shadow: 0 0 0 10px rgba(0,0,0,0.2)}
18          .p8{box-shadow: 0 0 10px 10px rgba(0,0,0,0.2)}
19          .p9{box-shadow: 0 0 20px 10px rgba(0,0,0,0.2)}
20          /*阴影的扩展半径对比*/
```

```
21          .p10{box-shadow: 0 0 10px 0 rgba(0,0,0,0.2)}
22          .p11{box-shadow: 0 0 10px 10px rgba(0,0,0,0.2)}
23          .p12{box-shadow: 0 0 10px 20px rgba(0,0,0,0.2)}
24      </style>
25  </head>
26  <body>
27      <!--HTML部分主要是套用类选择器.p1~.p12，参考随书电子资源-->
28  </body>
29  </html>
```

例8-11的运行效果如图8-13所示。以水平阴影的偏移量为例，在这组对比中，只有水平阴影的偏移量参数在变化，其他参数均相同。结合运行结果可以清晰地看出该参数所带来的影响，有助于我们更直观地理解该参数的作用。

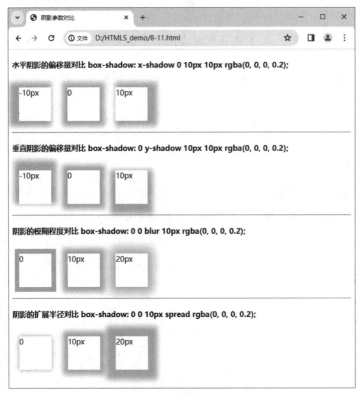

图 8-13　阴影参数对比

8.4　box-sizing

在标准的盒子模型中，width和height属性仅仅指的是内容区域的宽度和高度。在进行页面布局时，一个版块的总宽度和高度是固定的，当为盒子设置了边框、内边距和外边距时，需要重新计算内容区域的宽度和高度，较为烦琐。在CSS3中新增了box-sizing属性，用于设置一个元素的宽度和高度的计算方式，语法格式如下：

```
box-sizing: content-box|border-box|inherit;
```

其中，属性值content-box为默认值，即遵循标准的盒子模型，宽度和高度只包括内容区域，不包括内边距、边框等；当属性值为border-box时，宽度和高度包括内容区域、内边距和边框，但不包括外边距，属性值inherit规定应从父元素继承 box-sizing 属性的值。

【例 8-12】box-sizing 属性的用法

```
01  <!DOCTYPE html>
02  <html>
03  <head>
04      <meta charset="UTF-8">
05      <title>box-sizing</title>
06      <style>
07          div {
08              width: 200px;
09              height: 80px;
10              border: 5px solid #000000;
11              padding: 10px;
12              margin-bottom: 10px;
13          }
14          .box1{box-sizing:content-box;}
15          .box2{box-sizing:border-box;}
16          .box3{width: 170px;height: 50px;box-sizing:content-box;}
17      </style>
18  </head>
19  <body>
20      <div class="box1">content-box</div>
21      <div class="box2">border-box</div>
22      <div class="box3">content-box<br>调整后宽度170px，高度50px</div>
23  </body>
24  </html>
```

例8-12中的box1采用content-box方式计算宽度和高度，盒子在页面中实际所占的宽度为(5+10+200+10+5)px=230px，高度为(5+10+80+10+5+10)px=120px；box2采用border-box方式计算宽度和高度，盒子的内容区域、内边距和边框三部分在页面中所占的宽度为200px，高度为80px；box3采用content-box方式计算宽度和高度，为使box3和box2在页面中占用相同大小的空间，需要调整box3内容区域的宽度为170px，高度为50px。运行效果如图8-14所示。

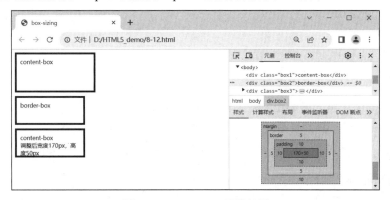

图 8-14　box-sizing 属性效果

8.5 背 景 属 性

设置背景可以使网页更加美观。本节将介绍CSS的背景属性。

8.5.1 背景颜色

设置背景颜色可以吸引用户的注意力，也可以让页面的布局更为清晰。在CSS中通过background-color属性设置背景颜色，语法格式如下：

```
background-color: color|transparent|initial|inherit;
```

属性值color可以是预定义的颜色单词、十六进制的颜色、rgb()或者rgba()，在使用时注意与设置文本颜色的属性color予以区分。属性值transparent（默认值）设置背景色为透明，即无背景颜色。以下是几种不同的写法。

```
01  background-color: red;
02  background-color: #ff0000;
03  background-color: rgb(255, 255, 128);
04  background-color: rgba(255, 0, 0,0.5);
```

8.5.2 背景图像

与背景颜色相比，图像的内容和形式更为丰富，因此背景图像的表现力更为突出。在CSS中通过background-image属性设置背景图像，语法格式如下：

```
background-image: url|none|initial|inherit
```

属性值url代表背景图像的地址，可以是相对路径、绝对路径或者网络地址（URL）。在使用背景图像时，也可以同时为其设置背景颜色，当背景图像无法显示时，会显示背景颜色。示例代码如下：

```
01  background-image: url("images/poster.jpg");
02  background-image: url("https://www.***.com/img/logo.png");
```

设置背景颜色或背景图像时，要注意给盒子设置宽度和高度，否则会影响背景的显示。

8.5.3 图像平铺方式

背景图像默认会在水平和垂直方向上平铺显示，在CSS中可以通过background-repeat属性设置是否平铺图像以及如何重复背景图像，语法格式如下：

```
background-repeat: repeat|repeat-x|repeat-y|no-repeat|inherit;
```

background-repeat各属性值的含义如下：

● repeat：默认值，表示同时沿水平和垂直方向平铺。

- repeat-x：表示仅沿水平方向平铺。
- repeat-y：表示仅沿垂直方向平铺。
- no-repeat：表示水平和垂直方向均不平铺。
- inherit：从父元素继承 background-repeat 属性的设置。

在CSS3出现之前，想要实现渐变背景或水印背景效果，通常需要先通过图像编辑工具制作渐变图像或水印图像，然后将该图像设置为元素的背景图像。随着CSS3的发展，现在有了background-repeat等属性支持更灵活的渐变背景和水印背景设置。

【例 8-13】水印背景

```
01    <!DOCTYPE html>
02    <html>
03    <head>
04       <meta charset="UTF-8">
05       <title>水印背景</title>
06       <style>
07          body {
08             background-image: url("images/watermark.jpg");
09             background-repeat: repeat;
10          }
11          .container {
12             width: 1000px;
13             height: 500px;
14             background-color: #FFFFFF;
15             margin: 0 auto;
16          }
17       </style>
18    </head>
19    <body>
20       <div class="container">容器部分</div>
21    </body>
22    </html>
```

在例8-13中，第08行代码为整个页面设置了背景图像，第14行代码在类选择器.container中定义了背景颜色，第20行代码的div元素套用了container样式。根据"就近原则"，div会显示背景颜色，而不会显示背景图像。运行效果如图8-15所示。

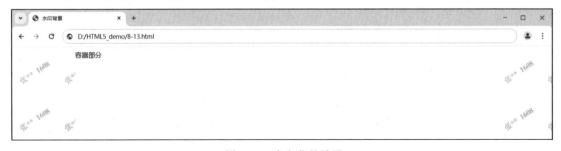

图 8-15　水印背景效果

8.5.4　背景图像位置

当设置背景图像不重复时，背景图像默认只在左上角显示。如果要控制背景图像显示的位置，可以通过CSS中的background-position属性来设置，语法格式如下：

```
background-position: 水平位置 垂直位置;
```

其中水平位置和垂直位置的值可以是表示位置的关键字、百分比或具体的数值。

- 关键字：控制水平方向位置的关键字有 left、center、right，控制垂直方向位置的关键字有 top、center、bottom。水平方向和垂直方向的关键字无顺序之分，可互相搭配使用，当省略其中某一个值时，取其默认值 center。
- 百分比：将背景图像和元素的指定点对齐。如果只有一个百分数，则将其作为水平方向的值，垂直方向的值取默认值50%。
- 具体的数值：以元素左上角的位置为坐标原点，将背景图像设置到指定的位置。其中，水平方向向右为正值，垂直方向向下为正值。

需要注意，使用关键字和具体数值定位时，是以背景图和元素的左上角为对齐基点；而使用百分比定位时，是将背景图片的百分比指定的位置和元素的百分比位置对齐。例如background-position: 100% 50%，就是将背景图片水平100%、垂直50%处的点，与元素水平100%、垂直50%处的点对齐，使用的对齐基点与前两者是不同的。使用百分比和具体的数值时均可为负值。

【例8-14】背景图像位置

```
01  <!DOCTYPE html>
02  <html>
03  <head>
04      <meta charset="UTF-8">
05      <title>背景图像位置</title>
06      <style>
07          div {
08              width: 100%;
09              height: 80px;
10              background-color: #9e1e1d;
11              background-image: url("images/motto.png");
12              background-repeat: no-repeat;
13              margin-bottom: 10px;
14          }
15          .box1 {
16              background-position: right center; /*水平靠右 垂直居中*/
17          }
18          .box2 {
19              /*将图像底部中间位置的点和div底部中间位置的点对齐*/
20              background-position: 50% 100%;
21          }
22          .box3 {
23              background-position: 100px 10px; /*向右100px 向下10px*/
```

```
24              }
25          </style>
26      </head>
27      <body>
28          <!--用3个div分别套用box1~box3定义的样式,详见随书电子资源-->
29      </body>
30      </html>
```

例8-14的运行效果如图8-16所示。

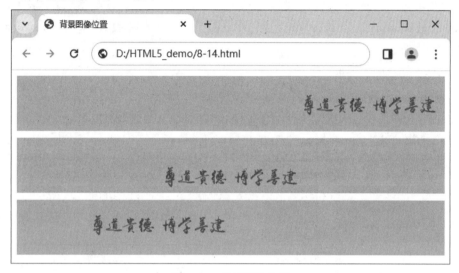

图 8-16　背景图像位置

8.5.5　背景图像固定

当页面中内容较多时,浏览器垂直方向上会出现滚动条,默认情况下,背景图像会和内容一同随着滚动的下拉而移动。CSS中提供了background-attachment属性来设置背景图像的附着方式,其语法格式如下:

```
background-attachment: fixed | scroll;
```

属性值可以为scroll(默认值)或者fixed。当设置该属性的值为fixed时,背景图像将被固定在指定的位置,不再随页面元素滚动。

8.5.6　背景图像大小

在CSS3中新增了background-size属性对背景图像的大小进行控制,可以方便地控制背景图像的填充效果,其语法格式如下:

```
background-size:属性值1 [属性值2]
```

属性值为背景图像的宽和高,属性值1为必选参数,属性值2为可选参数,可用属性值如下:

- length：设置背景图像的高度和宽度。第一个值设置宽度，第二个值设置高度。如果只设置一个值，则第二个值会被设置为"auto"。
- percentage：以父元素的百分比来设置背景图像的宽度和高度。
- cover：把背景图像扩展至足够大，以使背景图像完全覆盖背景区域。
- contain：把图像扩展至最大尺寸，以使其宽度和高度完全适应内容区域。

其中，cover和contain的区别在于它们对图片覆盖的方式不同：cover侧重的是确保整个容器被背景图像完全覆盖，而contain侧重的是保证整个背景图像都能在容器中显示。在某些情况下，background-size: contain可能会在图片和容器边缘之间产生空白区域，而background-size: cover则不会出现这种情况。

【例 8-15】背景图像大小

```
01  <!DOCTYPE html>
02  <html>
03  <head>
04      <meta charset="UTF-8">
05      <title>背景图像大小</title>
06      <style>
07          div {
08              width: 350px;
09              height: 100px;
10              background-image: url("images/flower.jpg");
11              background-repeat: no-repeat;
12              border: 1px solid #000;
13              margin-bottom: 10px;
14              color: #FFFFFF;
15          }
16          .box1 {background-size: cover;}
17          .box2 {background-size: contain;}
18          .box3 {background-size: 350px 100px;}
19      </style>
20  </head>
21  <body>
22      <img src="images/flower.jpg" alt="">
23      <div>未设置background-size<br/>超出部分不显示</div>
24      <div class="box1">background-size: cover;<br/>确保容器被全覆盖</div>
25      <div class="box2">background-size: contain;<br/>确保背景图像全部显示
<br/></div>
26      <div class="box3">background-size: 350px 100px;<br/>指定大小，可能会变
形</div>
27  </body>
28  </html>
```

例8-15的运行效果如图8-17所示。

图 8-17　背景图像大小

8.5.7　背景裁剪

在CSS3中新增了background-clip属性，用于定义背景的裁剪区域，语法格式如下：

```
background-clip: border-box|padding-box|content-box;
```

background-clip的各个属性值的含义如下：

- border-box：默认值，表示背景从 border 区域向外裁剪，即背景覆盖至边框的外边沿。
- padding-box：表示背景从 padding 区域向外裁剪，即覆盖至 padding 的外边沿。
- content-box：表示背景从 content 区域向外裁剪，即仅覆盖内容区域。

【例 8-16】背景图像的裁剪区域

```
01    <!DOCTYPE html>
02    <html>
03    <head>
04        <meta charset="UTF-8">
05        <title>背景的裁剪</title>
06        <style>
07            div {
08                width: 350px;
09                height: 40px;
```

```
10              background-image: url("images/bg.jpg");
11              border: 10px solid rgba(0,0,0,0.3);
12              padding: 10px;
13          }
14          .box1 {background-clip: border-box;}
15          .box2 {background-clip: padding-box;}
16          .box3 {background-clip: content-box;}
17      </style>
18  </head>
19  <body>
20      <!--HTML部分参考随书电子资源-->
21  </body>
22  </html>
```

在例8-16中，为便于观察背景的覆盖区域，将边框的透明度设置为0.3，运行效果如图8-18所示。从运行效果中可以看出，当属性值为border-box时，边框底部是有背景图像的。

图 8-18　背景图像的裁剪区域

8.5.8　背景复合属性

单独设置元素的背景颜色、背景图像、背景图像平铺方式、背景图像位置等属性较为烦琐，CSS提供了background这一复合属性，可以在一个声明中设置所有的背景属性，语法格式如下：

```
background: bg-color bg-image position/bg-size bg-repeat bg-origin bg-clip
bg-attachment initial|inherit;
```

在这些属性中，各属性值之间用空格分隔，属性不分先后顺序，且可以只设置某些属性值。使用background属性可以简化代码，示例如下：

```
body {
    background: #f0f0f0 url('background.jpg') no-repeat fixed center center;
}
```

8.5.9 CSS 精灵图

CSS精灵图（CSS Sprites）也称为CSS雪碧，是一个整合了许多个小背景图的大背景图。因为页面加载时每个小背景图都是一个HTTP请求，所以整合为一个大背景图后可以有效地减少请求和响应的次数，提高页面的加载速度。

在使用CSS精灵图时，首先需要知道小背景图的宽度和高度，以及小背景图在大背景图中的位置，即距离左上角位置的X轴和Y轴的值，然后通过background-position属性控制背景图像的位置。网页中以元素的左上角位置为坐标原点，水平向右为正，垂直向下为正，而大背景图一般需要向左、向上移动，因此在使用CSS精灵图时，background-position的属性值一般为负值。目前也有一些在线生成精灵图的工具，可以将小图片拼成大图，并自动生成对应的CSS代码。

现有6幅32px×32px的背景图片，分为蓝、灰两种颜色，共3组。要将6幅图片制作成如图8-19所示的一幅背景图，图片之间的间隔为10px，代码如下：

图 8-19 CSS 精灵图

【例 8-17】CSS 精灵图

```
01  <!DOCTYPE html>
02  <html>
03  <head>
04     <meta charset="UTF-8">
05     <title>CSS精灵图</title>
06     <style>
07        div {
08           background: url('images/sprite.png') no-repeat top left;
09           width: 32px; /* 和单幅背景图的尺寸一致 */
10           height: 32px;
11           display: inline-block;
12           margin-left: 20px;
13        }
14        .collect {background-position:-42px 0;} /* 默认灰色图 */
15        .collect:hover {background-position:0 0;} /* 鼠标经过显示蓝色图 */
16        .user {background-position:-126px 0;}
17        .user:hover {background-position:-84px 0;}
18        .shopping_cart {background-position:-210px 0;}
19        .shopping_cart:hover {background-position:-168px 0;}
20     </style>
21  </head>
22  <body>
23    <div class='collect'></div>
24    <div class='shopping_cart'></div>
25    <div class='user'></div>
26  </body>
27  </html>
```

例8-17通过:hover伪类来实现鼠标悬停切换背景图像的效果，运行效果如图8-20所示。

图 8-20　CSS 精灵图的使用效果

8.6　实战案例："大学生参军网站"登录页面

1. 案例呈现

本案例制作一个大学生应征入伍的用户登录页面，页面效果如图8-21所示。

图 8-21　案例效果

2. 案例分析

　　根据案例效果，可以将页面分为上、中、下三部分。页面上方为头部，用于显示名称。头部整体宽度为100%，设置有背景颜色，名称所在div位于页面版心位置。页面中间为主体部分，设置有背景颜色。在主体中包含一个登录表单，表单所在的div在水平方向居中显示，且设置有阴影效果和内边距。用户登录表单中所有表单元素为圆角边框，文本框和密码框设置有背景图像和边框，登录按钮有背景颜色。页面下方为版权信息。页面结构如图8-22所示。

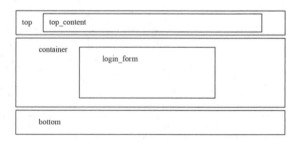

图 8-22　页面结构图

3. 案例实现

　　根据以上分析，使用相应的HTML搭建页面的结构，代码如下：

```
01    <!DOCTYPE html>
02    <html>
03    <head>
04        <meta charset="UTF-8">
05        <title>用户登录</title>
06        <link rel="stylesheet" href="css/css.css">
07    </head>
08    <body>
09        <header class="top">
10            <div class="top_content"><h1>大学生应征入伍</h1></div>
11        </header>
12        <!--top end-->
13        <div class="container">
14            <div class="login_form">
15                <h1>用户登录</h1>
16                <form action="" method="post">
17                    <input type="text" class="user_name" placeholder="请输入用
户名">
18                    <input type="password" class="user_pwd" placeholder="请输
入密码">
19                    <input type="submit" value="登录" class="btn">
20                </form>
21            </div>
22        </div>
23        <!--container end-->
24        <footer class="bottom">Copyright &copy; 2024 **** All Rights
Reserved</footer>
25        <!--bottom end-->
26    </body>
27    </html>
```

创建 CSS 文件，并在 HTML 文件中引入该样式表。在样式表中首先清除浏览器默认的外边距和内边距，然后根据实际效果定义各部分的样式，CSS 样式代码如下：

```
01    /* 重置所有元素的边距和填充为0，实现页面的无间距布局 */
02    * {
03        margin: 0;
04        padding: 0
05    }
06    /* 设置全局字体大小为14px */
07    body {
08        font-size: 14px;
09    }
10    /* 定义页面顶部栏的样式 */
11    .top {
12        width: 100%;
13        background-color: #0D7154;
14        height: 80px;
15    }
16    /* 设置顶部内容区域的宽度并居中显示 */
17    .top_content {
```

```
18        width: 1200px;
19        margin: 0px auto;
20        padding-top: 20px;
21    }
22    /* 设置顶部内容区域标题颜色为白色 */
23    .top_content h1 {
24        color: #FFFFFF;
25    }
26    /* 定义页面主容器样式，设置背景色和高度 */
27    .container {
28        width: 100%;
29        height: 520px;
30        padding-top: 40px;
31        background-color: #F0F4F3;
32    }
33    /* 设定登录表单的样式，包括大小、位置和阴影效果 */
34    .login_form {
35        width: 550px;
36        height: 310px;
37        margin: 0px auto;
38        padding-top: 40px;
39        background-color: #FFFFFF;
40        box-shadow: 10px 10px 10px 10px rgba(0, 0, 0, 0.2);
41    }
42    /* 登录表单标题居中对齐 */
43    .login_form h1 {
44        text-align: center;
45    }
46    /* 统一输入框的样式 */
47    input {
48        width: 350px;
49        height: 40px;
50        box-sizing: border-box;
51        display: block;
52        margin: 20px auto;
53        border-radius: 5px;
54    }
55    /* 为用户名和密码输入框设置边框和内边距 */
56    .user_name, .user_pwd {
57        border: 1px solid #DBDBDB;
58        padding-left: 40px;
59    }
60    /* 设置用户名输入框的背景图片 */
61    .user_name {
62        background: url("../images/user.png") no-repeat left center;
63    }
64    /* 设置密码输入框的背景图片 */
65    .user_pwd {
66        background: url("../images/password.png") no-repeat left center;
67    }
```

```
68    /* 定义按钮的基本样式 */
69    .btn {
70        background-color: #0D7154;
71        color: #FFFFFF;
72        border: none;
73    }
74    /* 设置页面底部栏的样式，包括高度、填充、文本对齐方式等 */
75    .bottom {
76        width: 100%;
77        height: 60px;
78        padding-top: 20px;
79        text-align: center;
80        color: #CCCCCC;
81        line-height: 60px;
82    }
```

8.7 本 章 小 结

　　本章主要介绍了盒子模型及其相关属性的设置方法，并对背景属性进行了详细介绍，最后通过"大学生参军网站"的用户登录页面这一案例演示了盒子模型的使用。通过学习本章内容，读者可以掌握盒子模型的基本使用方法，为后续使用盒子模型进行页面布局奠定基础。

第9章

浮动与定位

通过设置元素浮动和定位能够实现更为灵活和美观的页面布局。本章将带领读者认识块级元素、行内元素、行内块元素3种基本的元素类型，了解定位的基本概念，掌握元素的浮动和元素的定位方法。

本章学习目标

- 了解标准文档流和元素的分类，能够恰当地使用不同类型的元素。
- 掌握浮动和清除浮动的设置方法，具备处理网页布局中各种复杂情况的能力。
- 掌握元素定位的 5 种方法，能够灵活且精准地定位网页中的各个元素。

9.1　标准文档流

标准文档流简称为标准流，指的是在排版布局时，在不使用其他与排列和定位相关的CSS的情况下，HTML元素的默认排列规则。在标准的文档流中，元素会按照其在HTML文档的位置以从左往右、从上往下的方式进行排列。

标准文档流逻辑清晰，遵循HTML元素的自然顺序进行渲染和布局，结构化呈现网页内容，使得页面易于理解和维护。但标准文档流难以实现一些复杂的、非线性的布局效果，如多列并排、自定义定位等。此外，在标准文档流中，相邻块级元素的外边距会出现"塌陷"问题，即竖直方向的margin不叠加，以较大的为准，这一点需额外注意。

标准文档流提供了基本且直观的布局方案，当面对更为复杂的Web设计需求时，通常需要结合其他布局技术（如Flex、Grid等）共同实现最佳布局效果。

9.2 元素的分类

HTML元素大体被分为3种：块级元素（Block Element）、行内元素（Inline Element）、行内块元素（Inline-Block Element）。本节将详细介绍这3种元素以及元素类型的转换。

9.2.1 块级元素、行内元素与行内块元素

1. 块级元素

块级元素在页面中以区域块的形式出现，其特点是每一个块级元素都会独占一整行或多行，即便该块级元素的宽度较小，其右侧尚有空间，也会独占这一行，后续元素会在新的行显示。常见的块级元素有h1~h6、div、p、ul、ol、li等。在使用块级元素时，可以对它设置宽度、高度、对齐方式等属性。块级元素中可以包含其他块级元素或行内元素。块级元素通常用于定义页面的结构。

2. 行内元素

行内元素也称为内联元素，与块级元素不同，行内元素不占独立的区域，其宽度是元素内容的实际宽度。行内元素也不必在新的一行开始，同时也不强迫其他元素在新的一行显示，一个行内元素通常会和它前后的行内元素在同一行显示。一般不可以为行内元素设置宽度、高度、对齐方式等属性。行内元素常用于在文本中添加语义和样式。常见的行内元素有a、span、strong、b、u等。其中span是常用的行内元素，其本身并不显示具体效果，常在修饰文本时配合CSS样式进行使用。

3. 行内块元素

行内块元素兼具块级元素和行内元素的特点，它的宽度为实际内容的宽度。行内块元素既可以和其他行内元素、行内块元素在一行显示，也可以设置宽度和高度。常见的行内块元素有img、input等。

下面通过案例对以上3种类型的元素进行对比。

【例 9-1】元素的分类

```
01   <!DOCTYPE html>
02   <html>
03   <head>
04      <meta charset="UTF-8">
05      <title>元素的分类</title>
06      <style>
07         div, span {
08            /*为块级元素div和行内元素span设置相同的样式*/
09            width: 300px;
10            height: 50px;
11            background-color: #B9FABC;
```

```
12              margin-top: 10px;
13          }
14        img {width: 300px; height: 150px;}
15      </style>
16    </head>
17    <body>
18      <div>这是块级元素，独占一行，可设置宽和高</div>
19      <span>这是行内元素，不占独立的区域，为行内元素设置的宽、高、外边距均无效
</span>
20      <img src="images/flower1.jpg">图片为行内块元素，可设置宽和高，又不独占一行
21    </body>
22    </html>
```

第07~13行代码为块级元素div和行内元素span定义了相同的样式，第14~17行代码为行内块元素img设置了宽度和高度。例9-1的运行效果如图9-1所示。

图 9-1　元素的分类效果

从表现上看，div独占一行，而span和img在同一行显示；从行为上看，对div和img设置的宽度和高度是有效的，而对span设置的宽度、高度、外边距等属性并未生效。

9.2.2　元素的类型转换

块级元素和行内元素各有优缺点，在实际使用中有时希望块级元素具有行内元素的某些特性，或者想让行内元素具有块级元素的某些特性，这种情况下可以借助CSS中的display属性对元素的类型进行转换。display属性的值如下：

● inline：将元素转换为行内元素（行内元素默认的 display 属性值）。

● block：将元素转换为块级元素（块元素默认的 display 属性值）。

● inline-block：将元素转换为行内块元素。

● none：将元素隐藏，不显示也不占用页面空间，相当于该元素不存在。

【例 9-2】元素类型的转换

```
01    <!DOCTYPE html>
02    <html>
03    <head>
```

```
04       <meta charset="UTF-8">
05       <title>元素类型的转换</title>
06       <style>
07          .to_inline li{
08             display: inline-block; /*将元素转换为行内块元素*/
09             margin-right: 10px;
10          }
11          .btn{
12             display: block;/*将元素转换为块级元素*/
13             width: 90px;
14             height: 35px;
15             line-height: 35px;
16             background-color: #378de4;
17             color: #FFFFFF;
18             text-align: center;
19             border-radius: 5px;
20             text-decoration: none;
21          }
22       </style>
23   </head>
24   <body>
25      <!--HTML部分为无序列表和超链接，详见随书电子资源-->
26   </body>
27   </html>
```

例9-2的运行效果如图9-2所示。

图 9-2　元素类型的转换

9.3　元素的浮动

在标准的文档流中，元素是自上而下、从左到右进行排列的，这可能会导致页面显得不够紧凑和美观。而通过设置元素的浮动属性，可以使其脱离标准文档流的控制，移动到指定的位置。这样可以帮助我们更灵活地布局页面，让页面内容更加紧凑和美观。

9.3.1　设置浮动

在CSS中提供了float属性来设置元素的浮动方式，使元素的布局和显示方式更为灵活。为元素设置浮动属性后，该元素将脱离标准的文档流向左或向右浮动，直到它的外边缘碰到父元素或另一个浮动元素为止。float属性的语法格式如下：

```
float: left|right|none|inherit;
```

属性值none（默认值）表示不浮动，left表示向左浮动，right表示向右浮动。

下面通过例子对元素的浮动进行详细介绍。

【例9-3】设置浮动

```
01   <!DOCTYPE html>
02   <html>
03   <head>
04       <meta charset="UTF-8">
05       <title>设置浮动</title>
06       <style>
07           .container{
08               width: 250px;
09               height: 250px; /* 为父容器设置的高度 */
10               border: 1px solid #000000;
11           }
12           .box{
13               width: 60px;
14               height: 60px;
15               border: 1px dashed #FF0000;
16           }
17       </style>
18   </head>
19   <body>
20       <h3>3个box均不浮动</h3>
21       <div class="container">
22           <div class="box">box1</div>
23           <div class="box">box2</div>
24           <div class="box">box3</div>
25       </div>
26   </body>
27   </html>
```

在例9-3中，容器container内有3个div，且均未设置浮动方式，运行效果如图9-3所示，3个div在垂直方向由上至下排列。

在例9-3的基础上添加如下样式，并为第一个div套用该样式，使其向右浮动，运行效果如图9-4所示。

```
.box1{float: right;}
```

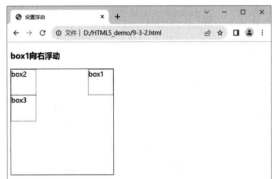

图 9-3　3 个 div 均未设置浮动　　　　　　　图 9-4　设置 box1 向右浮动

从图9-4中可以看出，第一个div浮动到了右侧，且在其外边缘碰到父元素container时停止了浮动。此外，由于设置浮动后第一个div脱离了标准的文档流，不再占用标准文档流中的位置，因此第二个div向上移动到了原来第一个div的位置。同理，如果设置第一个div向左浮动，那么第二个div也会移动到原来第一个div的位置。为了便于观察，在CSS样式.box1中添加背景颜色，同时定义名为".box2"的CSS样式，并为第二个div套用该样式，代码如下：

```
01    .box1{float: left; background-color: #378de4; }
02    .box2{width: 120px; height: 120px; background-color: #FF0000;}
```

运行效果如图9-5所示。

从图9-5中可以看出，在第一个div向左浮动后，第二个div上移至第一个div的位置，因此被第一个div遮盖住一部分。

进一步修改CSS代码，在例9-3的基础上设置3个div均向左浮动。

```
.box1,.box2,.box3{float: left;}
```

运行效果如图9-6所示。

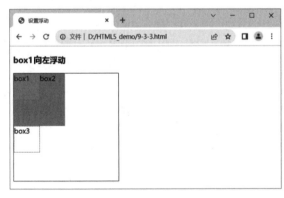
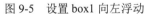

图 9-5　设置 box1 向左浮动　　　　　　　　图 9-6　3 个 box 均向左浮动

当3个div均设置为向左浮动后，第一个div在碰到父元素container时停止浮动，第二和第三个div在碰到左侧的浮动元素后停止浮动，因此可以实现水平排列布局效果。如果父容器container的宽度不足以同时显示3个div，则后面的div会被"挤到"下一行。在进行网页布局时，常通过设置浮动的方式来实现多列布局，关于页面布局的方法在后续章节进行详细介绍。

9.3.2　清除浮动

通过设置浮动可以使页面的布局更为灵活，但是浮动元素不再占用原文档流的位置，这会对后面的元素或者父元素的排版产生影响。例如，在图9-4、图9-5中，为第一个div设置浮动后导致第二个div的位置异常。此外，在例9-3中，若不在第09行代码中设置父容器container的高度，则会在设置元素浮动后无法撑开container的高度，如图9-7所示。

图 9-7　浮动的影响

为确保元素按照预期的顺序排列，并避免布局混乱和重叠等问题，需要清除浮动。清除浮动并不是删除浮动元素，而是清除浮动元素所带来的影响。常用的清除浮动的方法有：使用clear属性、添加空标记、使用overflow属性、使用after伪元素等。下面具体介绍。

1. clear 属性

在CSS中专门提供了clear属性来清除浮动带来的影响。clear属性清除浮动的原理是在被清除浮动的元素上边或者下边添加足够的清除空间，语法格式如下：

```
clear:left|right|both;
```

属性值left表示不允许左侧有浮动元素，即清除左侧浮动元素的影响，同理，right表示不允许右侧有浮动元素，both表示左右都不允许有浮动元素。使用时根据浮动元素的位置选择恰当的属性值即可。

【例 9-4】使用 clear 属性清除浮动

```
01    <!DOCTYPE html>
02    <html>
03    <head>
04       <meta charset="UTF-8">
05       <title>clear属性清除浮动</title>
06       <style>
07          .box1, .box2 {
08             height: 150px;
09             float: left;
10          }
11          .box1 {
12             width: 30%;
13             background-color: #B9FABC;
14          }
15          .box2 {
16             width: 60%;
17             background-color: #F7AF62;
```

```
18              margin-left: 10%;
19          }
20          .box3 {
21              clear: left;
22              width: 100%;
23              height: 50px;
24              background-color: #378DE4;
25              margin-top: 10px /*该属性未生效*/
26          }
27      </style>
28  </head>
29  <body>
30      <!--用3个div分别套用box1~box3定义的样式，详见随书电子资源-->
31  </body>
32  </html>
```

例9-4中box1和box2均为左浮动，导致box3上移后被box1和box2遮挡，效果如图9-8（a）所示。为消除浮动给box3带来的影响，在第21行代码中使用clear:left清除左浮动，效果如图9-8（b）所示。

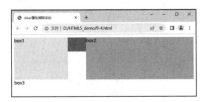
（a）未清除浮动

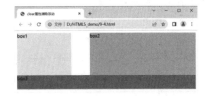
（b）清除左浮动

图 9-8　clear 属性清除浮动

💡 **注意：** 使用 clear 属性清除浮动后，margin-top 属性不再生效。可通过设置当前元素前面元素的 margin-bottom 属性来变通。

2. 添加空标记

使用clear属性清除浮动适用于解决由于兄弟元素浮动所带来的影响，对于子元素浮动所导致的父元素高度塌陷问题，可以通过添加空标记的方法来解决，即在父元素结束之前添加一对 <div></div>标记，并为该标记添加clear属性。

【例 9-5】添加空标记清除浮动

```
01  <!DOCTYPE html>
02  <html>
03  <head>
04      <meta charset="UTF-8">
05      <title>添加空标记清除浮动</title>
06      <style>
07          /*未定义容器高度*/
08          .container{width: 250px; border: 1px solid #000000;}
09          .box{width: 60px; height: 60px; border: 1px dashed #FF0000;}
10          /*3个盒子均为左浮动*/
11          .box1,.box2,.box3{float: left;}
```

```
12          </style>
13      </head>
14      <body>
15          <h3>3个box均向左浮动，添加空标记清除浮动</h3>
16          <div class="container">
17              <div class="box box1">box1</div>
18              <div class="box box2">box2</div>
19              <div class="box box3">box3</div>
20              <div style="clear: left"></div>   <!--添加空标记清除浮动-->
21          </div>
22      </body>
23      </html>
```

上面例子的运行效果如图9-9所示。

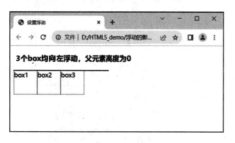

（a）未清除浮动

（b）清除浮动

图 9-9　添加空标记清除浮动

添加空标记虽然能够解决浮动带来的影响，但是增加了无用的标签，改变了HTML文档的结构，因此一般不推荐使用。

3. overflow 属性

在CSS中提供了overflow属性来设置当元素框中的内容溢出后如何处理，语法格式如下：

```
overflow: visible|hidden|clip|scroll|auto|initial|inherit;
```

其中常用属性值的含义如下：

● visible：默认值，内容溢出后会显示在元素框之外。
● hidden：表示内容会被修剪，溢出的内容是不可见的。
● scroll：表示内容会被修剪，但是浏览器会显示滚动条以便查看其余的内容。
● auto：表示如果内容被修剪，则浏览器会显示滚动条以便查看其余的内容。

属性值scroll和auto的区别在于：auto仅在有内容溢出时才会出现滚动条，如果没有内容溢出则不出现滚动条，而scroll总是会显示滚动条。

【例 9-6】overflow 属性

```
01      <!DOCTYPE html>
02      <html>
03      <head>
04          <meta charset="UTF-8">
```

```
05      <title>overflow属性</title>
06      <style>
07          div{width: 300px;height: 70px;border: 1px solid #000000;}
08          div:not(:last-child){margin-bottom: 40px;} /*排除最后一个div*/
09          .box1{overflow: hidden}
10          .box2{overflow: scroll}
11          .box3{overflow: auto}
12      </style>
13  </head>
14  <body>
15      <div>心之所往，山野游之，意蕴未结，终会相逢。<br>纵有狂风平地起，我欲乘风破万
里。<br>生活不是等待风暴过去，而是学会在风雨中航行。</div>
16      <div class="box1"><!-内容同上--></div>
17      <div class="box2"><!-内容同上--></div>
18      <div class="box3"><!-内容同上--></div>
19  </body>
20  </html>
```

例9-6的运行效果如图9-10所示，从图中可以清楚地看出几种不同属性值的区别。

图 9-10　overflow 不同属性值的效果

overflow属性还有一种特殊的用法：当一个浮动的块级元素设置了overflow样式，且值不为visible时（通常使用hidden），该元素就会构建一个块级格式化上下文（Block Formatting Context，简称BFC），而BFC的高度是要包括浮动元素的，因此可以解决由于浮动子元素引起的容器高度塌陷问题。关于BFC的详细内容，这里不再展开，读者可自行查阅相关资料。

删除例9-5中的空标记，为类选择器.container添加overflow:hidden属性声明，即可解决父元素不能被撑开的问题，代码如下：

```
01  .container{
```

```
02      width: 250px;
03      border: 1px solid #000000;
04      overflow: hidden;
05    }
```

该方法相比添加空标记更为方便，既解决了浮动子元素带来的影响，又不改变页面的结构。

4. after 伪元素

使用after伪元素可以在不添加新的HTML标签的前提下，解决父元素包含浮动子元素而带来的高度塌陷的问题，其原理与添加空标记的方法类似。使用after伪元素会在父元素的最后面添加一个虚拟的空元素，但是不会破坏HTML文档的原有结构，是当前比较推荐的一种清除浮动的方法。

为了便于通用，通常会在样式表中定义一个名为“.clearfix::after”的CSS选择器，需要清除浮动时，在父元素上添加clearfix类名即可，代码如下：

```
01    .clearfix::after {
02      content: "";
03      display: table;
04      clear: both;
05    }
```

代码中的.clearfix是类选择器的类名；::after是伪元素；content属性用于插入内容，这里为空字符串；display: table;将伪元素设置为块级元素；clear: both;则清除左右两侧的浮动。

在例9-5中删除空标记，为父元素套用CSS样式clearfix即可清除浮动带来的影响。

```
01    <div class="container clearfix">
02      <div class="box box1">box1</div>
03      ...
04    </div>
```

> 💡 **注意：** 类选择器.clearfix 中 display 的属性值设置为 block 也可以解决浮动问题，但是无法解决父、子元素外边距重叠的问题，因此推荐使用 table，它可以解决父、子元素浮动和外边距重叠这两个问题。

9.4 元素的定位

9.4.1 定位的概念

元素定位是CSS中一个关键的概念，它使得网页中各个元素能够按照设计者的需求精确地排列和展示。通俗地讲，元素定位就是将元素固定在某一个指定的位置。因此用到了元素的定位。本节主要介绍元素定位的概念和相关方法。图9-11中展示了3个定位的应用场景：在线学习平台的课程列表中，课程封面图右上角的角标和下方的学校名称是固定的；网上商城系统中，页面右侧固定显示购物车和在线客服等快捷入口；用户登录的弹出框的位置固定;等等。这些效果的实现都需要对元素的位置进行准确控制。

图 9-11　元素定位应用场景

9.4.2　定位属性

元素定位的实现主要包括定位模式（Positioning Mode）和边偏移（Offset）两部分，下面分别介绍。

1. 定位模式

定位模式是元素定位的基础，它决定了元素如何相对于其原始位置或其他元素进行定位。在CSS中，通过position属性定义元素的定位模式，语法格式如下：

```
position: static|relative|absolute|fixed|sticky|initial|inherit;
```

position属性的常用值如表9-1所示。

表 9-1　position 属性值

属 性 值	描　　述	属 性 值	描　　述
static	默认值，表示静态定位	fixed	表示固定定位
relative	表示相对定位	sticky	表示粘性定位
absolute	表示绝对定位		

2. 边偏移

边偏移是元素定位的核心，它决定了元素相对于其定位基点（取决于定位模式）的具体偏移量。边偏移有top、bottom、left和right 4个属性，分别用于定义顶部、底部、左侧和右侧的偏移量，即元素相对于其父元素上、下、左、右边线的距离。边偏移的值为具体的数值，单位可以是像素或百分比。

边偏移仅对有定位的元素生效。一般情况下，有定位的元素都需要有边偏移，因为只有设置边偏移后元素的定位才有意义。

9.4.3　静态定位

静态定位在CSS布局中是一个基础且重要的概念，是所有元素的默认定位方式。一般情况下，不需要显式地使用静态定位。这种方式没有定位，元素会按照标准流的特性进行呈现。在静态定位状态下，无法通过边偏移属性来改变元素的位置。

静态定位主要用于基础网页内容布局，例如段落文本、列表项、图片等常规内容区域的排版。静态定位也可以作为基准参照点，配合其他定位方式（如相对定位、绝对定位和固定定位）使用，以创建更复杂的布局效果。

静态定位提供了简单、自然的布局方案，适用于不需要脱离正常文档流进行特殊定位的场景。在复杂的交互式布局或者需要动态调整元素位置的应用场景中，静态定位由于不能使用边偏移调整位置而显得力不从心。

9.4.4　相对定位

相对定位是元素相对于它原来在标准流中的位置来进行定位。相对定位的元素会脱离标准流，以其原有位置为参照，结合边偏移重新进行定位。边偏移的值可以为正数，也可以为负数。

相对定位的元素虽然脱离了标准流，但是仍占用该位置，后面的元素仍然以标准流的方式对待它，这一点需要特别注意。相对定位常用于实现微调元素位置、修改元素的层级、作为绝对定位的参考对象等。

【例 9-7】相对定位

```
01   <!DOCTYPE html>
02   <html>
03   <head>
04       <meta charset="UTF-8">
05       <title>相对定位</title>
06       <style>
07           div{width: 100px;height: 100px;background-color: #B9FABC}
08           .box{position: relative;top: 50px;left: 80px;background-color:
#F7AF62;}
09       </style>
10   </head>
11   <body>
12       <div>box1</div>
13       <div class="box">box2</div>
14       <div>box3</div>
15   </body>
16   </html>
```

第08行代码设置定位模式为相对定位。例9-7的运行效果如图9-12所示。

图9-12中的虚线框表示第二个div的原有位置，可以看出该div相对其原有位置向右移动80px，向下移动50px；但是第三个div并没有占用第二个div的位置，因为第二个div仍占用标准流中的原有位置。

【例 9-8】相对定位应用

```
01    <!DOCTYPE html>
```

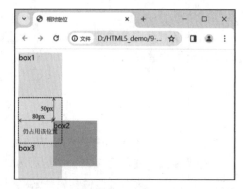

图 9-12　相对定位

```
02  <html>
03  <head>
04      <meta charset="UTF-8">
05      <title>相对定位应用</title>
06      <style>
07          ul {width: 480px; height: 100px;}
08          li {
09              width: 100px;
10              height: 100px;
11              margin: 0 10px;
12              background-color: #B9FABC;
13              list-style: none;
14              float: left;
15              position: relative;
16              top: 0px;
17          }
18          li:hover{
19              top: -10px;/*鼠标经过时通过调整元素位置实现动画效果*/
20              box-shadow: 0px 0px 5px 5px rgba(0,0,0,0.2);
21          }
22      </style>
23  </head>
24  <body>
25      <ul>
26          <!--共4对li标签-->
27      </ul>
28  </body>
29  </html>
```

第15行代码定义li标签为相对定位，初始状态下未进行偏移；第18~21行代码通过伪类选择器:hover定义鼠标经过li标签时，元素相对原有位置向上移动10px。例9-8的运行效果如图9-13所示。

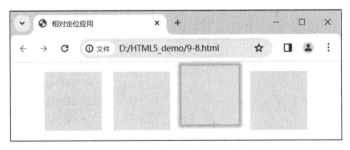

图 9-13　相对定位应用效果

9.4.5　绝对定位

绝对定位是元素相对最近的、已定位（绝对定位、相对定位、固定定位、粘性定位）的父元素进行定位。如果父元素均没有定位，则相对body元素（也可以看作浏览器窗口）进行定位。绝对定位的元素完全脱离标准流，不再占用元素原有位置。边偏移的值可以为正数，也可以为负数，单位有像素、百分比等。

【例 9-9】绝对定位

```
01  <!DOCTYPE html>
02  <html>
03  <head>
04      <meta charset="UTF-8">
05      <title>绝对定位</title>
06      <style>
07          .father{width: 300px; height: 300px; background-color: #FFBFCB;
margin: 80px 0 0 80px;}
08          .child1,.child2{width: 100px; height: 100px;}
09          .child1{
10              position: absolute;
11              top: 100px;
12              left: 150px;
13              background-color: #B464B4;
14          }
15          .child2{background-color: #87CEEB;}
16      </style>
17  </head>
18  <body>
19      <div class="father">
20          <div class="child1">child1</div>
21          <div class="child2">child2</div>
22      </div>
23  </body>
24  </html>
```

例9-9中，由于类名为father的div无定位，因此类名为child1的div相对于body进行绝对定位，运行效果如图9-14所示。

（a）father 和 child1 均无定位时的效果

（b）father 无定位，child1 绝对定位

图 9-14　绝对定位

从图9-14中可以看出，child1绝对定位后不再占用原来位置，因此child2上移至child1原来的位置。

在例9-9的基础上为类选择器.father增加相对定位，代码如下：

```
01    .father{
02        width: 300px;
03        height: 300px;
04        background-color: #FFBFCB;
05        margin: 10px 0 0 80px;
06        position: relative;   /*父元素相对定位*/
07    }
```

运行效果如图9-15所示。此时，由于父元素已定位，因此child1不再相对body元素进行定位，而改为相对类名为father的div进行定位，其偏移位置会有所变化。

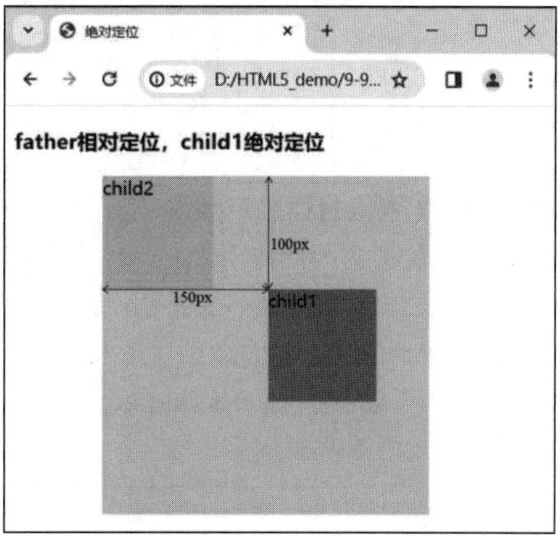

为父元素添加相对定位，但不为其设置边偏移，这对父元素本身的定位无影响。而子元素相对父元素进行绝对定位则更便于在布局时对整体位置进行把控。因此在实际应用中，这种"父相子绝"的方式使用更为普遍，是绝对定位当中非常典型的一种应用。

图 9-15　father 相对定位，child1 绝对定位

【例 9-10】绝对定位的应用

```
01    <!DOCTYPE html>
02    <html>
03    <head>
04        <meta charset="UTF-8">
05        <title>绝对定位的应用</title>
06        <style>
07            .video{
08                width: 800px;
09                height: 450px;
10                margin: 20px auto;
11                position: relative;/*父元素相对定位*/
12            }
13            .player{
14                width: 48px;
15                height: 48px;
16                background: url("images/bg.png") no-repeat top left;
17                background-position: 0 0;
18                position: absolute;
19                /*设置边偏移*/
20                top: 50%;
21                left: 50%;
22                /*分别向上、向左拉回来元素宽度和高度的一半*/
23                margin-left: -24px;
```

```
24                margin-top: -24px;
25            }
26        .player:hover{
27                background-position: -58px 0;/*CSS精灵图*/
28            }
29        </style>
30    </head>
31    <body>
32        <div class="video">
33            <img src="images/ydyl.jpg" alt="">
34            <div class="player"></div>
35        </div>
36    </body>
37    </html>
```

例9-10实现了视频封面展示效果，封面图的中心位置显示播放图标按钮。由于播放按钮是相对视频封面来定位的，因此需要设置封面图所在的div为相对定位，设置播放按钮所在的div为绝对定位。在设置边偏移的时候需要特别注意，第20、21行代码设置上、左边偏移后，会使播放按钮所在的div的左上角位于封面图的中心位置。为了使图片播放按钮的中心位于封面图的中心位置，第23、24行代码通过设置margin-top和margin-left将元素分别向上、向左拉回元素高度和宽度的一半。运行效果如图9-16所示。

图 9-16　绝对定位应用效果

9.4.6　固定定位

固定定位是绝对定位的一种特殊形式，它以浏览器窗口为参照进行定位。固定定位的元素完全脱离标准流，不再占用原有位置，且不随页面的滚动而移动。固定定位通常用于将一些常用入口链接固定在页面右侧或底部贴边显示，如常见的购物车、在线客服、返回顶部、悬浮广告等。

【例 9-11】固定定位的应用

```
01    <!DOCTYPE html>
02    <html>
03    <head>
```

```
04        <meta charset="UTF-8">
05        <title>固定定位的应用</title>
06        <style>
07            body{height: 1000px; /*以便于页面向下滚动*/}
08            .ad{
09                width: 100px;
10                height: 100px;
11                position: fixed;
12                top: 100px;
13                right: 0;
14            }
17        </style>
15    </head>
16    <body>
17        <div class="ad">
18            <img src="images/ad.png" alt="">
19        </div>
20    </body>
21    </html>
```

例9-11的运行效果如图9-17所示。

图 9-17　固定定位应用效果

9.4.7　粘性定位

粘性定位是一种特殊的定位方式，它结合了相对定位和固定定位的特点。使用粘性定位时需要指定top、bottom、left、right其中一个值作为偏移阈值。元素在超过这个偏移阈值前为相对定位，超过之后为固定定位。粘性定位常用于实现页面顶部导航的吸盘效果。

【例 9-12】粘性定位的应用

```
01    <!DOCTYPE html>
02    <html>
03    <head>
04        <meta charset="UTF-8">
05        <title>粘性定位的应用</title>
06        <style>
07            .logo{height: 90px; background-color: #B464B4;}
08            .nav{
```

```
09                height: 50px;
10                background: #F7AF62;
11                position: sticky;  /* 应用粘性定位 */
12                top: 0px;/*元素达到该位置后变为固定定位*/
13            }
14            .content{height: 1000px; background-color: #F7D8E0;}
15            .logo,.nav,.content{font-size: 20px;}
16        </style>
17    </head>
18    <body>
19        <div class="logo">logo</div>
20        <div class="nav">nav</div>
21        <div class="content">content</div>
22    </body>
23    </html>
```

第14行代码定义导航部分nav的定位模式为粘性定位。例9-12的初始状态如图9-18（a）所示，在页面向下滚动的过程中，导航所在的div达到top:0位置时转为固定定位，如图9-18（b）所示。

（a）运行初始效果　　　　　　　　　　　　　　　（b）滚动条下拉时的效果

图 9-18　粘性定位应用效果

9.4.8　层叠等级属性

在为多个元素设置定位后，默认后来者居上，即后面的元素会遮盖前面的元素，出现元素重叠的现象。使用z-index层叠等级属性可以调整盒子的堆叠顺序，属性值可以是正整数、负整数或0（默认值），数值越大，元素越靠上。需要注意的是，z-index属性只能应用于相对定位、绝对定位和固定定位的元素，其他标准流、浮动和静态定位无效。

toast提示是一种在移动应用程序中常用的消息提示框，用于显示短暂的、无须用户操作的通知信息，目前在Web开发中也经常使用这种消息提示框。下面举例使用z-index属性实现toast效果。

【例 9-13】toast 效果

```
01    <!DOCTYPE html>
02    <html>
03    <head>
04        <meta charset="UTF-8">
05        <title>toast效果</title>
06        <style>
07            /* 定义一个名为toast的样式类，用于显示位于页面中央的提示信息 */
```

```
08          .toast {
09              position: absolute; /* 绝对定位 */
10              top: 50%; /* 定位在页面垂直方向的50%位置 */
11              left: 50%; /* 定位在页面水平方向的50%位置 */
12              /* 通过transform属性调整元素的位置，使其精确地居中 */
13              transform: translate(-50%, -50%);
14              width: 200px;
15              padding: 20px;
16              background-color: rgba(255,255,255,0.9); /* 白色背景，透明度为
0.9 */
17              border-radius: 5px; /* 圆角为5px */
18              box-shadow: 0px 2px 5px rgba(0, 0, 0, 0.3); /* 添加阴影效果 */
19              z-index: 9999; /* 层叠顺序最高，确保toast提示总在最前 */
20          }
21          /* 定义一个名为toast-mask的样式类，用于显示全屏遮罩 */
22          .toast-mask {
23              position: absolute; /* 绝对定位 */
24              top: 0; /* 定位在页面顶部 */
25              left: 0; /* 定位在页面左侧 */
26              width: 100%; /* 宽度覆盖整个屏幕 */
27              height: 100%; /* 高度覆盖整个屏幕 */
28              background-color: rgba(0, 0, 0, 0.5); /* 黑色背景，透明度为0.5 */
29              z-index: 9998; /* 层叠顺序次于toast，确保遮罩在toast之下 */
30          }
31      </style>
32  </head>
33  <body>
34      <div class="toast-mask"></div>
35      <div class="toast">这是一个提示信息！</div>
36      文档中的内容被toast-mask遮盖
37  </body>
38  </html>
```

toast消息提示由遮罩层toast-mask和信息层toast两部分组成。遮罩层用于遮盖页面中的所有内容，以避免用户跨过提示信息操作页面中的内容；信息层用于给用户呈现提示文本。信息层要位于遮罩层之上，因此需要通过z-index属性控制遮罩层和信息层的位置。通常会将一个比较大的数值（如9999）作为信息层z-index的属性值，以便于将其置于顶层，而遮罩层位于次顶层即可。例9-13的运行效果如图9-19所示。

图9-19　toast 效果

💡 **注意：** 实际应用中需要通过 JavaScript 或者 jQuery 中的 DOM 操作来控制 toast 信息的显示和隐藏，如需自动关闭，则需要借助定时器来实现。

9.5 实战案例："大学生参军网站"轮播图效果

轮播图又称为焦点图或幻灯片，是一种用图片组合播放的展现形式，通常位于网页比较显眼的位置，用于引导用户进行单击和浏览，具有较强的吸引性和较高的转化率。轮播图效果由HTML、CSS、JavaScript或jQuery等技术共同实现，本案例仅实现轮播图的页面布局效果。

1. 案例呈现

本案例制作完成的轮播图效果如图9-20所示。

2. 案例分析

根据案例效果可以看出，待实现的轮播图由图片、文字和数字3部分组成。图片位于最底层，文字位于图片层之上，数字位于文字层之上，文字层和数字层相对于容器进行定位。各元素的层叠关系如图9-21所示。

图 9-20　案例效果

图 9-21　元素层叠关系

3. 案例实现

根据以上分析，需要设置容器focusBox为相对定位，文字层txt和数字层num均为绝对定位。由于图片层pic和文字层txt中均包含多幅图片信息，因此要隐藏溢出内容。

使用相应的HTML搭建页面的结构，代码如下：

```
01  <!DOCTYPE html>
02  <html>
03  <head>
04      <meta charset="UTF-8">
05      <title>案例：制作"大学生参军入伍专题网站"轮播图效果</title>
06      <link rel="stylesheet" href="css/css.css">
07  </head>
08  <body>
09      <div class="focusBox">
10          <ul class="pic"><!--图片列表-->
11              <li><a href="news.html" target="_blank"><img
src="images/n1.jpg"/></a></li>
12              ...
13          </ul>
```

```
14            <div class="txt"><!--文字列表-->
15                <ul>
16                    <li><a href="news.html" target="_blank">2023年大学生征兵宣传
海报</a></li>
17                    ...
18                </ul>
19            </div>
20            <ul class="num"><!--数字列表-->
21                <li>1</li>
22                ...
23            </ul>
24        </div>
25        <!--容器 focusBox end-->
26    </body>
27    </html>
```

创建CSS文件，CSS样式代码如下：

```
01    /* 重置所有元素的外边距和内边距为0 */
02    *{
03        margin: 0;
04        padding: 0;
05    }
06    /* 定义焦点图容器的基本样式 */
07    .focusBox{
08        width: 460px;
09        height: 280px;
10        position: relative; /* 相对定位 */
11        margin: 20px auto; /* 自动居中 */
12        overflow: hidden; /* 隐藏溢出内容 */
13    }
14    /* 列表项样式设置 */
15    .focusBox li{
16        list-style: none;
17    }
18    /* 图片样式，设置图片大小 */
19    .pic img{
20        width: 460px;
21        height: 280px;
22    }
23    /* 文本描述的样式设置 */
24    .txt{
25        position: absolute; /* 绝对定位 */
26        bottom: 0; /* 距离底部0 */
27        z-index: 2; /* 层叠顺序 */
28        height: 35px;
29        width: 100%;
30        overflow: hidden; /* 隐藏溢出内容 */
31        background-color: rgba(0,0,0,0.3); /* 半透明黑色背景 */
32    }
33    /* 文本列表项样式 */
```

```
34  .txt li {
35      height: 35px;
36      padding-left: 10px;
37      overflow: hidden; /* 隐藏溢出内容 */
38      font-size: 12px;
39      font-weight: bold;
40      line-height: 35px; /* 行高与文本列表高度一致 */
41      text-overflow: ellipsis; /* 文本溢出显示省略号 */
42      white-space: nowrap; /* 文本不换行 */
43  }
44  /* 文本链接样式 */
45  .txt li a{
46      text-decoration: none; /* 去除下画线 */
47      color: #FFFFFF; /* 链接颜色 */
48  }
49  /* 序号按钮容器样式 */
50  .num {
51      position: absolute; /* 绝对定位 */
52      z-index: 3; /* 层叠顺序 */
53      bottom: 8px; /* 距离底部8px */
54      right: 8px; /* 距离右侧8px */
55  }
56  /* 序号按钮样式 */
57  .num li {
58      position: relative; /* 相对定位 */
59      width: 18px;
60      height: 15px;
61      margin-right: 1px;
62      overflow: hidden; /* 隐藏溢出内容 */
63      float: left; /* 左浮动 */
64      color: #FFFFFF;
65      font-size: 12px;
66      line-height: 15px; /* 行高与序号按钮高度一致 */
67      text-align: center;
68      background-color: rgba(0,0,0,0.6); /* 背景颜色 */
69      cursor: pointer; /* 鼠标指针样式为手型 */
70  }
```

9.6　本章小结

　　本章首先介绍了元素的3种类型及相互转换的方法，然后详细讲解了元素的浮动、清除浮动、5种定位方式。通过学习本章内容，读者能够综合运用元素的浮动、清除浮动和5种定位方法实现基本的页面布局。

第10章

CSS3 高级应用

CSS3提供了变换、过渡和动画功能，它们使元素的旋转、缩放、变形和过渡等动画特效的制作变得简单，而无须使用JavaScript或Flash。本章主要介绍变换、过渡和动画等CSS3属性。

本章学习目标

- 掌握 CSS3 的变换属性，能够制作 2D 变形效果。
- 掌握 CSS3 的过渡属性，能够控制过渡时间、动画快慢等常见过渡效果。
- 掌握动画设置方法，能够制作网页中常见的动画效果。

10.1 变　　换

通过改变坐标空间，CSS变换可以在不影响正常文档流的情况下改变作用内容的位置。可以进行的变换包括旋转、倾斜、缩放和平移。这些变换同时适用于平面与三维空间，本书介绍二维变换。

CSS3的transform属性向元素应用2D或3D转换。该属性允许对元素进行旋转、倾斜、缩放以及位移。语法格式如下：

```
transform: none|transform-functions;
```

transform属性值的含义如下：

- none：不进行转换。
- rotate(angle)：定义 2D 旋转，在参数中规定角度。
- skew(x-angle,y-angle)：定义沿着 X 轴和 Y 轴的 2D 倾斜转换。
- skewX(angle)：定义沿着 X 轴的 2D 倾斜转换。

- skewY(angle)：定义沿着 Y 轴的 2D 倾斜转换。
- scale(x,y)：定义 2D 缩放转换。
- scaleX(x)：通过设置 X 轴的值来定义缩放转换。
- scaleY(y)：通过设置 Y 轴的值来定义缩放转换。
- translate(x,y)：定义 2D 转换，沿着 X 轴和 Y 轴移动元素。
- translateX(x)：定义 2D 转换，沿着 X 轴移动元素。
- translateY(y)：定义 2D 转换，沿着 Y 轴移动元素。

10.1.1　旋转

rotate()方法根据给定的角度顺时针或逆时针旋转元素。语法格式如下：

```
transform: rotate(angle);
```

参数angle表示要旋转的角度值（单位是deg）。如果角度为正数值，则按照顺时针旋转；否则，按照逆时针旋转。旋转范围为0°~360°，默认的旋转点是元素的中心点（50%，50%）。

rotate()方法旋转示意图如图10-1所示。

【例 10-1】rotate()

图 10-1　旋转示意图

```
01  <style type="text/css">
02      .rotate1 {
03          transform: rotate(45deg);
04      }
05      .rotate2 {
06          transform: rotate(-40deg);
07      }
08  </style>
09  <body>
10      <div class="wrap">
11          <div class="box">
12              <img class="rotate1" src="images/1.jpg" alt="">
13          </div>
14          <div class="box">
15              <img class="rotate2" src="images/1.jpg" alt="">
16          </div>
17      </div>
18  </body>
```

例10-1的运行效果如图10-2所示。盒子的背景是图片未旋转时的状态。对比图片旋转前后的状态，能够明显看出第一幅图片顺时针旋转了45°，第二幅图片逆时针旋转了40°。

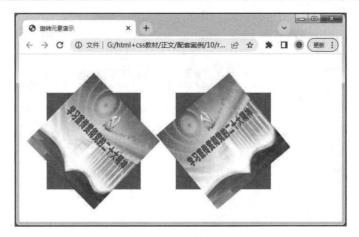

图 10-2　旋转效果

10.1.2　倾斜

skew()方法能够让元素倾斜显示，该函数包含两个参数值，分别用来定义X轴和Y轴坐标倾斜的角度，语法格式如下：

```
transform:skew(x-angle,y-angle);
```

参数x-angle和y-angle表示角度值（单位是deg），第一个参数表示相对于X轴进行倾斜的角度，第二个参数表示相对于Y轴进行倾斜的角度。如果省略了第一个参数，则相当于skewY(angle)；如果省略了第二个参数，则相当于skewX(angle)。

skew()方法倾斜示意图如图10-3所示。

图 10-3　倾斜示意图

【例 10-2】skew()

```
01    <style type="text/css">
02        .skewX {transform: skewX(20deg);}
03        .skewY {transform: skewY(20deg);}
04        .skew {transform: skew(20deg,20deg);}
05    </style>
06    <body>
07        <div class="wrap">
08        <!-用3幅图片分别套用skewX、skewY、skew定义的样式，详见随书电子资源-->
09        </div>
10    </body>
```

例10-2的运行效果如图10-4所示。盒子的背景是图片未倾斜时的状态。由图可知，第一幅图片只在X轴方向倾斜，第二幅图片只在Y轴方向倾斜，第三幅图片在X轴和Y轴方向都倾斜。

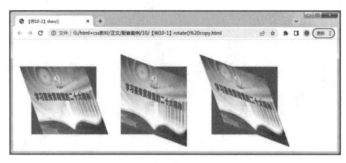

图 10-4   倾斜效果

10.1.3   缩放

scale()方法用于缩放元素，该函数包含两个参数值，分别用来定义宽度和高度的缩放比例，语法格式如下：

```
transform:scale(x-axis,y-axis);
```

参数的含义如下：

- x-axis：表示元素在 X 轴（水平方向）上的缩放比例。如果值为 1，则元素宽度不变；如果值大于 1，则元素会在 X 轴上放大；如果值小于 1 但大于 0，则元素会在 X 轴上缩小；如果值为 0，则元素在 X 轴上的尺寸会变为 0，即完全不可见；如果值为负数，则元素会在 X 轴上翻转并缩放。
- y-axis：表示元素在 Y 轴（垂直方向）上的缩放比例。与 x-axis 的解释类似，但方向是垂直的。

如果只提供一个参数（例如scale(2)），那么第二个参数会默认为与第一个参数相同的值，即元素在X轴和Y轴上都会以相同的比例缩放。

如果仅需对元素在X轴（水平方向）上进行缩放，可以使用scaleX()函数；如果仅需对元素在Y轴（垂直方向）上进行缩放，可以使用scaleY()函数。这两个函数均只接收一个参数。

scale()方法缩放示意图如图10-5所示。

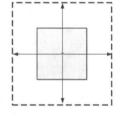

图 10-5   缩放示意图

【例 10-3】scale()

```
01    <style type="text/css">
02        .scaleX{transform: scaleX(1.5); /* 宽度放大1.5倍 */}
03        .scaleY{transform: scaleY(0.5); /* 高度缩小0.5倍 */}
04        .scale{transform: scale(1.5, 1.5); /* 宽度和高度放大1.5倍 */}
05    </style>
06    <body>
07        <div class="wrap">
08            <div class="box">
09            <div class="blue scaleX">在X轴方向上放大</div>
10        </div>
11        <div class="box">
```

```
12          <div class="blue scaleY">在Y轴方向上缩小</div>
13      </div>
14      <div class="box">
15          <div class="blue scale">等比放大</div>
16      </div>
17      </div>
18  </body>
```

例10-3的运行效果如图10-6所示。盒子的背景是盒子未缩放时的状态。从图中可以看到，第一个盒子只放大了宽度，第二个盒子只缩小了高度，第三个盒子的宽度和高度等比放大。

图 10-6　缩放效果

10.1.4　平移

translate()方法能够重新定义元素的坐标，实现平移的效果，语法格式如下：

```
transform:translate(x-value,y-value);
```

参数的含义如下：

- x-value：指元素在水平方向上移动的距离。
- y-value：指元素在垂直方向上移动的距离。
- 距离单位：常见的是像素或百分比。

如果translate中只有一个参数，则只作用于X轴；如果省略了第一个参数，则其效果相当于translateY()，表示垂直方向平移，正值下移，负值上移；如果省略了第二个参数，则其效果相当于translateX()，表示水平方向平移，正值右移，负值左移。translate()方法平移示意图如图10-7所示。

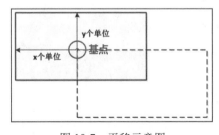

图 10-7　平移示意图

【例 10-4】translate()

```
01  <style type="text/css">
02     . translateX{transform: translateX(15px); /* 向右平移15px */}
03     . translateY{transform: translateY(20px); /* 向下平移20px */}
04     . translate{transform: translate(-15px, -15px); /* 向左上平移15px */}
05  </style>
06  <body>
07     <div class="wrap">
08       <div class="box">
09           <div class="blue translateX">向右平移</div>
10       </div>
11       <div class="box">
12           <div class="blue translateY">向下平移</div>
13       </div>
14       <div class="box">
15           <div class="blue translate">向左上平移</div>
16       </div>
17     </div>
18  </body>
```

例10-4的运行效果如图10-8所示。盒子的背景是盒子未平移时的状态。从图中可以看到，第一个盒子向右平移，第二个盒子向下平移，第三个盒子向左上平移。

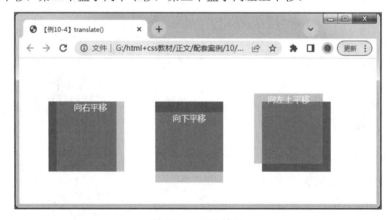

图 10-8　平移效果

10.1.5　变换原点

变换操作都是以元素的中心点为基准进行的，如果需要改变这个中心点，可以使用 transform-origin属性，语法格式如下：

```
transform-origin: x-axis y-axis;
```

transform-origin参数的含义如下：

● x-axis：定义视图被置于 X 轴的何处。可能的值有 left、center、right、length、%。

● y-axis：定义视图被置于 Y 轴的何处。可能的值有 Left、center、right、length、%。

transform-origin属性可以接收一个或两个参数。如果仅指定一个参数，则该参数将同时作用于X轴和Y轴；如果指定了两个参数，则第一个参数用于X轴，第二个参数用于Y轴。

变换原点的坐标值是相对于元素的左上角的，例如（20px 50px）表示变换原点距离元素左侧20px，且距离元素顶部50px。它的值也可以用百分比或者关键字表示，例如元素的左上角可以用（0 0）或者（top left）表示，右下角可以用（100% 100%）或者（bottom right）表示。

【例 10-5】transform-origin

```
01   <style type="text/css">
02     .scale{
03         transform-origin: bottom left;  /*原点在左下角*/
04         transform: scale(.5);
05     }
06     .rotate1{
07         transform-origin: 0 0;              /*原点在左上角*/
08         transform: rotate(45deg);
09     }
10   </style>
11   <body>
12     <div class="wrap">
13         <div class="box">
14             <div class="blue scale">缩小</div>
15         </div>
16         <div class="box">
17             <div class="blue rotate1">顺时针旋转</div>
18         </div>
19     </div>
20   </body>
```

例10-5的运行效果如图10-9所示。盒子的背景是元素未变换时的状态。从图中可以看到，第一个盒子的变换原点设置成左下角，因此元素会以左下角为基点缩小为原来大小的一半；第二个盒子的变换原点设置成左上角，因此盒子以左上角为基点顺时针旋转。

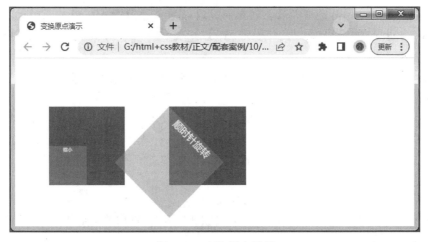

图 10-9　变换原点效果

10.2 过 渡

CSS3提供了强大的过渡属性，当元素从一种样式转变为另一种样式时，它可以在不使用Flash或者JavaScript的情况下为元素添加效果，例如渐显、渐隐、速度的变化等。

CSS3中与过渡相关的属性有以下5个。

1. transition-property 属性

transition-property属性用于指定应用过渡效果的CSS属性的名称，语法格式如下：

```
transition-property: none | all | property;
```

transition-property属性的取值含义如下：

- none：表示没有属性会获得过渡效果。
- all：表示所有属性都将获得过渡效果。
- property：定义应用过渡效果的 CSS 属性名称，多个名称之间以逗号分隔。

2. transition-duration 属性

transition-duration属性用于定义过渡效果花费的时间，默认值为0，常用单位是秒（s）或者毫秒（ms）。语法格式如下：

```
transition-duration:time;
```

3. transition-timing-function 属性

transition-timing-function属性规定过渡效果的速度曲线，默认值为ease。语法格式如下：

```
transition-timing-function:linear|ease|ease-in|ease-out|ease-in-out|cubic-
bezier(n,n,n,n);
```

transition-timing-function属性的取值含义如下：

- linear：指定以相同速度开始至结束的过渡效果，等同于 cubic-bezier(0,0,1,1)）。
- ease：指定以慢速开始，然后加快，最后慢慢结束的过渡效果，等同于 cubic-bezier(0.25,0.1,0.25,1)）。
- ease-in：指定以慢速开始，然后逐渐加快（淡入效果）的过渡效果，等同于 cubic-bezier(0.42,0,1,1)）。
- ease-out：指定以慢速结束（淡出效果）的过渡效果，等同于 cubic-bezier(0,0,0.58,1)）。
- ease-in-out：指定以慢速开始和结束的过渡效果，等同于 cubic-bezier(0.42,0,0.58,1)）。
- cubic-bezier(n,n,n,n)：定义用于加速或者减速的贝塞尔曲线的形状，它们的值为 0~1。

4. transition-delay 属性

transition-delay属性规定过渡效果何时开始，默认值为0，常用单位是秒（s）或者毫秒（ms）。语法格式如下：

```
transition-delay:time;
```

time是正数时，过渡动作会延迟触发；time是负数时，过渡动作会从该时间点开始，之前的动作被截断。

5. transition 属性

transition 属 性 是 一 个 复 合 属 性 ， 用 于 在 一 个 属 性 中 设 置 transition-property 、 transition-duration、transition-timing-function、transition-delay四个过渡属性。语法格式如下：

```
transition: property duration timing-function delay;
```

使用transition属性设置多个过渡效果时，它的各个参数必须按照顺序进行定义，不能颠倒，例如transition:border-radius 5s ease-in-out 2s;。

【例 10-6】 transition

```
01  <style type="text/css">
02      .box {
03          background: green;
04          border-radius: 6px;
05          transition: background .2s linear, border-radius 1s ease-in;
06      }
07      .box:hover {
08          background: red;
09          border-radius: 50%;
10      }
11  </style>
12  <body>
13      <div class="box"></div>
14  </body>
```

第03行代码设置了盒子的背景色；第04行代码设置了盒子的圆角边框，这是未过渡前的状态，效果如图10-10所示。第05行代码设置了2个过渡效果，当鼠标指针悬停在盒子上时触发过渡，效果如图10-11所示。

图 10-10　过渡前的效果　　　　　　图 10-11　过渡后的效果

> **注意：** 无论是单个属性还是简写属性，使用时都可以实现多个过渡效果。如果使用 transition 简写属性设置多种过渡效果，则需要为每个过渡属性集中指定所有的值，并且使用逗号进行分隔。
> 使用过渡需要满足两个条件：元素必须具有状态变化；必须为每个状态设置不同的样式。并非所有属性都可以过渡，只有具有可识别中间值的属性才可以过渡。例如 display 属性就不可以过渡，因为它没有任何中间值。

10.3 动　　画

过渡只能设置元素的变换过程，并不能对过程中的某一环节进行精确控制，例如过渡和变换实现的动态效果不能够重复播放。为了实现更加丰富的动画效果，CSS3提供了animation属性，以定义复杂的动画效果。本节主要介绍animation的相关属性。

1. @keyframes

@keyframes规则用于创建动画，语法格式如下：

```
@keyframes animationname {
    keyframes-selector{css-styles;}
}
```

说明如下：

- animationname：表示当前动画的名称，它将作为引用时的唯一标识，因此不能为空。
- keyframes-selector：表示关键帧选择器，即指定当前关键帧要应用到整个动画过程中的位置，值可以是一个百分比、from 或者 to。其中，from 和 0%效果相同，表示动画的开始，to 和 100%效果相同，表示动画的结束。
- css-styles：定义执行到当前关键帧时对应的动画状态，由 CSS 样式属性进行定义，多个属性之间用分号分隔，不能为空。

示例代码如下：

```
01  @keyframes example {
02      from {background-color: red;}
03      to {background-color: yellow;}
04  }
```

上述代码中，动画名称为example，关键字form和to表示动画的开始和结束；动画效果是使元素的背景颜色从"red"逐渐变为"yellow"。

2. animation-name 属性

定义好动画后，需要将动画应用到某个元素上。animation-name属性用于定义要应用的动画名称，语法格式如下：

```
animation-name: keyframename | none;
```

说明如下：

- animation-name：属性初始值为 none，适用于所有块元素和行内元素。
- keyframename：用于规定需要绑定到选择器的 keyframe 的名称，如果值为 none，则表示不应用任何动画，通常用于覆盖或者取消动画。

3. animation-duration 属性

animation-duration属性用于定义整个动画效果完成所需要的时间，以秒或毫秒为单位。语法格式如下：

```
animation-duration: time;
```

说明如下：

- animation-duration：初始值为 0，适用于所有块元素和行内元素。
- time：是以秒（s）或者毫秒（ms）为单位的时间，默认值为 0，表示没有任何动画效果。当值为负数时，则被视为 0。

4. animation-timing-function 属性

animation-timing-function 用来规定动画的速度曲线，可以定义使用哪种方式来执行动画效果。语法格式如下：

```
animation-timing-function:value;
```

animation-timing-function 属性的取值如下：

- linear：动画从头到尾的速度是相同的。
- ease：动画以低速开始，然后加快，在结束前变慢（默认值）。
- ease-in：动画以低速开始。
- ease-out：动画以低速结束。
- ease-in-out：动画以低速开始和结束。
- cubic-bezier(n,n,n,n)：在 cubic-bezier 函数中自定义的值。可能的值是从 0 到 1 的数值。

5. animation-delay 属性

animation-delay 属性用于定义执行动画效果之前延迟的时间，即规定动画什么时候开始。语法格式如下：

```
animation-delay:time;
```

time 用于定义动画开始前等待的时间，其单位是秒或者毫秒，默认值为0。animation-delay 属性适用于所有的块元素和行内元素。

6. animation-iteration-count 属性

animation-iteration-count 属性用于定义动画的播放次数。语法格式如下：

```
animation-iteration-count: number | infinite;
```

animation-iteration-count 属性初始值为1，适用于所有的块元素和行内元素。如果属性值为 number，则用于定义播放动画的次数；如果属性值是 infinite，则指定动画循环播放。

7. animation-direction 属性

animation-direction 属性定义当前动画播放的方向，即动画播放完成后是否逆向交替循环。语法格式如下：

```
animation-direction: normal | alternate;
```

animation-direction 属性初始值为 normal，适用于所有的块元素和行内元素。该属性包括两个值，默认值normal表示动画每次都会正常显示；如果属性值是alternate，则动画会在奇数次数（1、3、5等）正常播放，而在偶数次数（2、4、6等）逆向播放。

8. animation 属性

animation属性是一个简写属性，用于综合设置以上6个动画属性，语法格式如下：

```
animation:animation-name animation-duration animation-timing-function
animation-delay animation-iteration-count animation-direction;
```

使用animation属性时必须指定animation-name和animation-duration属性，否则持续的时间为0，并且永远不会播放动画。

【例 10-7】animation

```
01  <style type="text/css">
02      div {
03          animation-name: example;
04          animation-duration: 5s;
05          animation-timing-function: linear;
06          animation-delay: 2s;
07          animation-iteration-count: infinite;
08          animation-direction: alternate;
09      }
10      @keyframes example {
11          0% {
12              background-color: red;
13              left: 0px;
14              top: 0px;
15          }
16          25% {
17              background-color: yellow;
18              left: 200px;
19              top: 0px;
20          }
21          50% {
22              background-color: blue;
23              left: 200px;
24              top: 200px;
25          }
26          75% {
27              background-color: green;
28              left: 0px;
29              top: 200px;
30          }
31          100% {
32              background-color: red;
33              left: 0px;
34              top: 0px;
35          }
36      }
```

```
37    </style>
38    <body>
39        <div></div>
40    </body>
```

第10~36行代码定义了动画example，使用了百分比设置不同的关键帧。第02~09行代码设置页面中的div元素应用此动画，并分别设置了动画的各项参数，其简写形式是：

```
animation: example 5s linear 2s infinite alternate;
```

💡 **注意：** CSS 动画框架是一种非常流行的工具，用于为网站增加生动感和交互性。在项目开发中使用动画框架，不仅可以使开发人员快速和方便地添加动画效果，而且无须编写大量重复的 CSS 代码。例如，Animate.css 框架提供了各种预设的动画效果，可以通过简单地添加类名来实现动画效果；Hover.css 框架提供了各种鼠标悬停时的效果；Bounce.js 框架可以帮助开发者创建复杂的动画效果；Magic Animations 框架提供了一系列易于定制和使用的动画效果。

10.4　实战案例："大学生参军网站" CSS3 高级应用

1. 案例呈现

在"大学生参军网站"主页添加以下3个CSS3高级应用：

（1）触碰视频展播图片时，出现图片放大效果。

（2）触碰工作动态和问题解答的新闻列表时，出现文字移动效果。

（3）触碰工作动态的新闻列表时，出现模拟边框效果。

2. 案例分析

1）图片放大效果

鼠标触碰视频展播图片时出现图片放大效果，可以通过使用scale()方法缩放元素来实现。放大效果的持续时间使用transition控制。鼠标触碰图片时触发hover伪类，实现样式变化。

2）文字移动效果

鼠标触碰工作动态和问题解答的新闻列表时，出现文字移动效果，可以通过控制元素的左内边距padding-left的大小来实现。移动完成时间使用transition控制。鼠标触碰新闻列表时触发hover伪类，实现样式变化。

3）模拟边框效果

鼠标触碰工作动态新闻列表时，出现模拟边框效果，可以通过分别控制4个div元素的宽度和高度的变化来实现。宽度和高度的变化完成时间使用transition控制。鼠标触碰新闻列表时触发hover伪类，实现样式变化。

3. 案例实现

1）图片放大效果

CSS代码如下：

```
01    #pictures img {
02        transition: all .4s;
03    }
04    #pictures img:hover {
05        transform: scale(1.2);
06    }
```

HTML代码如下：

```
01    <ul id="pictures">
02        <li><a href="news.html"><img src="images/v1.jpg" alt="" width="270">
03        <p>五四青年节《有我》</p></a></li>
04        ...(省略其余li)
05    </ul>
```

在CSS代码中，第05行代码设置触碰图片时，图片的宽度和高度放大1.2倍；第02行代码设置过渡时间为0.4秒。当鼠标触碰图片时，在0.4秒内图片的宽度和高度放大1.2倍，因此产生了图片放大效果。

2）文字移动效果

CSS代码如下：

```
01    .content_box li {padding-left: 10px;position: relative;transition:
all .4s linear;}
02    .content_box li:hover {padding-left: 25px;}
```

HTML代码如下：

```
01    <div class="content_box">
02        <ul>
03            <li>
04                <a href="news.html"><span class="nDate">2023-07-21</span>普通
高校新生应征入伍宣传单
05                <div class="hover-border">
06                    <div class="border-left"></div>
07                    <div class="border-top"></div>
08                    <div class="border-right"></div>
09                    <div class="border-bottom"></div>
10                </div>
11                </a>
12            </li>
13            ...(省略其余li)
14        </ul>
15    </div>
```

在上面CSS代码中，第01行代码设置li的padding-left初始值是10px，过渡时间是0.4秒；第02行代码设置触碰li时的padding-left值是25px。当鼠标触碰li时，由于padding-left变大了，因此文字内容离左边框变远，从而在视觉上产生了文字移动效果，如图10-12所示。

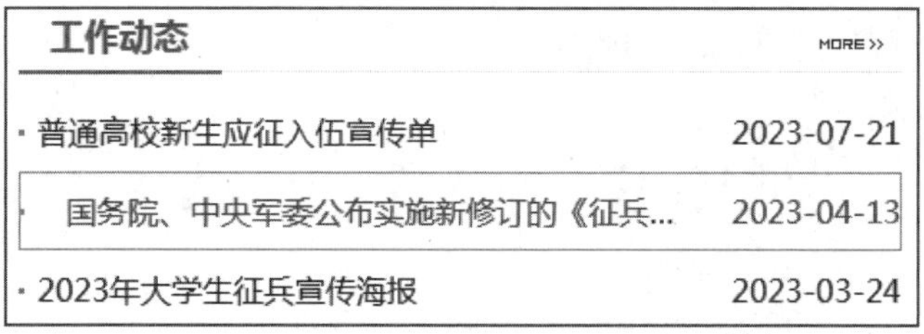

图 10-12　文字移动和模拟边框效果

3）模拟边框效果

CSS代码如下：

```
01  .hover-border {position: absolute;width: 100%;height: 100%;top: 0px;left:
0px;}
02  .border-left, .border-top, .border-right, .border-bottom {position:
absolute;background-color:    #d8a5a5;transition: all .4s linear;}
03  .border-left, .border-right {width: 1px;bottom: 0;height: 0;}
04  .border-top, .border-bottom {width: 0;height: 1px;}
05  .border-top, .border-right {top: 0;}
06  .border-right, .border-bottom {right: 0;}
07  .border-bottom, .border-left {bottom: 0;}
08  .border-left, .border-top {left: 0;}
09  .hover-border:hover .border-left, .hover-border:hover .border-right
{height: 100%;}
10  .hover-border:hover .border-top, .hover-border:hover .border-bottom
{width: 100%;}
```

HTML代码如下：

```
01  <div class="content_box">
02      <ul>
03          <li>
04          <a href="news.html"><span class="nDate">2023-07-21</span>普通高校
新生应征入伍宣传单
05          <div class="hover-border">
06              <div class="border-left"></div>
07              <div class="border-top"></div>
08              <div class="border-right"></div>
09              <div class="border-bottom"></div>
10          </div>
11          </a>
12          </li>
13          ...(省略其余li)
14      </ul>
15  </div>
```

在HTML代码中，第05~10行代码设置了div元素作为鼠标触碰时要添加的模拟边框。在CSS代码中，第03~08行代码设置了4条边框的初始值，例如左边框和右边框初始高度为0，上边框和下边框初始宽度为0；第09和10行代码设置了鼠标触碰时，左边框和右边框高度变为100%，上边框和下边框宽度变为100%；第02行代码设置了过渡时间是0.4秒。当鼠标触碰li时，由于div宽度或高度发生了变化，产生了模拟边框效果，如图10-12所示。

10.5 本 章 小 结

本章首先介绍了CSS3的变换、过渡和动画属性及相关原理，然后介绍了它们在"大学生参军网站"主页中的应用。通过学习本章内容，读者应该能够掌握制作常见的CSS应用的方法。

第11章

网 页 布 局

网页中的元素多种多样，在制作页面时需要提前规划这些元素的位置和呈现形式。一个好的网页布局不仅能够让用户快速找到所需信息，还能够提升用户体验。本章主要介绍网页布局的概念、流程和方法，重点讲解几种常见的布局形式。

本章学习目标

- 了解网页布局的流程和方法，能够针对实际问题选择合适的布局方法。
- 了解网页布局命名规范，养成规范编程的习惯。
- 掌握常见布局形式的实现，具备网页布局的能力。

11.1　网页布局概述

11.1.1　网页布局的概念

在建造楼房之前，需要对卧室、客厅、厨房的位置和大小进行规划，以便于充分利用有限空间和提升后期居住的舒适度。与建造楼房相似，在制作网页之前也需要对页面进行布局排版。网页布局是指通过一定的安排，使网页上的元素以一定顺序和结构呈现出来。通过对页面进行合理的布局，可以最大程度地利用页面空间，让呈现出的内容更具有条理性，达到清晰美观、阅读方便、重点突出的目的。

网页部局主要通过DIV+CSS技术来实现。此处的DIV泛指容器标签，不仅包含div标签，还包括<p>、<ul>等能够承载内容的其他容器标签。DIV主要负责页面的结构，而CSS则负责页面的表现，两者相互协作，为用户呈现一个具体的页面。

💡 注意：布局是指对资源、时间和空间等要素进行合理规划和配置的过程。《礼记·中庸》有云"凡事预则立，不预则废。"展示了古人"谋定而后动"的规划意识和智慧。作为一名新时代大学生，要明确自己的目标和价值观，对职业规划应尽早思考，要有家国、行业情怀，要有全局观。

11.1.2   网页布局的流程

网页布局一般分为以下4个阶段。

1. 确定版心

在网页布局时，首先需要确定页面的版心宽度。版心是指页面中主要内容所在的区域，是页面中最重要的部分，通常位于页面中央，如图11-1所示。版心宽度的取值要考虑当前主流显示器的分辨率，以在浏览器中浏览时水平方向上不出现滚动条为基本标准。页面版心的宽度一般为1000~1400px。当前大多数显示器的分辨率在1920×1080及以上，因此可将版心宽度设为1200px或1400px。如果要兼容早期1024×768的分辨率，可将版心宽度设为1000px。

图 11-1   页面宽度与版心宽度

2. 分析页面模块

需要结合甲方的需求、网页内容所属的行业、建站的目的等因素进行全面分析规划，确定页面中包含哪些模块，并以何种形式呈现这些模块。一个网页一般包含页眉、主体和页脚三部分。页眉由网站Logo、导航条等组成；主体部分包含焦点图、新闻、图文、产品、表单等；页脚通常是一些友情链接、联系方式、版权声明等。

3. 设计草图

这一阶段是指在纸上或者使用设计工具绘制出页面的布局草图或原型图，展示各模块的具体位置和相对关系，以及标注一些用户交互行为等。草图或原型图有助于设计师和开发人员更好地沟通和协作。常用的原型设计工具有Sketch、Axure等，现在也有一些在线的产品设计协作平台，可有效衔接产品、设计、研发流程，降低沟通成本，例如墨刀、蓝湖等。

4. DIV+CSS 布局

在完成以上各个阶段后就可以通过DIV+CSS技术来实现具体的页面效果，在布局过程中一般遵循"先整体后局部，逐步细化"这一原则。

> 💡 **注意：** 根据实际需求，还可能会使用 JavaScript 添加一些客户端交互效果，最后在不同的浏览器和终端设备上进行兼容性测试等，此处不再详细介绍。

11.1.3 常见的网页布局方法

网页布局的方法有多种，早期的网页主要是采用固定宽度布局方法进行布局。采用固定宽度布局时，给页面元素设置固定的宽度和高度，不管屏幕分辨率如何变化，看到的都是固定宽度的内容。这种布局方法设计简单，但通用性较差。

随着移动互联网技术的迅猛发展，人们对移动终端的应用程序需求不断提高。如何能够自动适配各种各样的终端设备成为前端人员不得不考虑的问题。在这种需求下，弹性布局、网格布局、响应式布局等方法应运而生。这些现代布局方法的使用更为方便，也能够更好地适应移动设备。关于这些布局方法的具体使用，在后续章节进行详细介绍。

在实际开发过程中，这些布局方法并不是独立存在的，往往是根据实际情况综合使用的。

> 💡 **注意：** 为解决大规模应用中的代码组织、效率提升和维护难题，出现了很多前端框架。通过预设架构和工具集可以简化开发流程，提高代码复用性，促进团队协作。目前，主流的 Web 前端框架包括 React、Angular、Vue.js、Svelte 等。

11.2 网页布局命名规范

虽然网页布局的效果多种多样，但在一个页面中通常会包含Logo、导航、焦点图、内容、友情链接、底部版权等部分。在进行网页布局时，需要为各个模块命名并设置相应的CSS样式。统一规范的命名有助于程序员之间更好地沟通和交流，也有助于后期对项目进行维护。在对网页模块命名时，一般遵循以下几个原则：

- 避免使用中文字符、纯数字、关键字命名。
- 做到见名知义，通过对标识符名称的认知，就能理解其代表的含义。
- 统一命名方式，如驼峰命名法或蛇形命名法。

> 💡 **注意：** 驼峰命名又分为大驼峰命名和小驼峰命名。大驼峰命名是指每个单词首字母均大写，如 TopicNews；小驼峰命名是指除第一个单词外，其余单词首字母大写，如 topicNews。蛇形命名法由小写字母和下画线组成，单词之间用下画线连接，如 topic__news。

常见的一些网页模块命名如表11-1所示，在进行网页布局时可作为参考。

表 11-1　常见网页模块命名（参考）

相关模块	命　　名	相关模块	命　　名
头	header	外围整体	wrap/wrapper
导航	nav	内容	content/container

（续表）

相关模块	命　　名	相关模块	命　　名
侧栏	sideBar	尾	footer
左边、右边、中间	left、right、center	栏目	column
标志	logo	登录条	loginBar
页面主题	main	广告	banner
新闻	news	热点	hot
子导航	subNav	下载	download
子菜单	subMenu	菜单	menu
友情链接	friendLink	搜索	search
滚动	scroll	版权	copyright
文章列表	list	标签页	tab
小技巧	tips	提示信息	msg
加入	joinUs	栏目标题	title
服务	service	指南	guild
状态	status	注册	register
合作伙伴	partner	投票	vote

11.3　常见布局的实现

常见布局的实现方式主要有单列布局、两列常规布局、三列常规布局、两列自适应等高布局和三列自适应布局。下面依次进行介绍。

11.3.1　单列布局

单例布局是最简单的一种布局方式，也是其他复杂布局的基础。在单列布局中，每个模块单独占一行，按照其在HTML文档中的前后顺序依次显示，通常会设置每一行在水平方向上居中显示。单例布局通常用在显示新闻内容、产品介绍等场景中，图11-2为一个常见的内容展示单列页面。

图 11-2　单列布局示例

💡 **注意：** 在图 11-2 所示的例子中，"位置"上方的大图为 body 的背景图片。

【例 11-1】单列布局

```
01  <!DOCTYPE html>
02  <html>
03  <head>
04      <meta charset="UTF-8">
05      <title>单列布局</title>
06      <style>
07          *{
08              margin: 0;
09              padding: 0;
10          }
11          .head,.positon,.main,.copyright{
12              background-color: #D9D9D9;
13          }
14          .head,.copyright{
15              /*页眉页脚通栏显示*/
16              width: 100%;
17              height: 100px;
18          }
19          .positon,.main{
20              width: 1400px; /*版心的宽度*/
21              margin: 10px auto;
22          }
23          .positon{
24              height: 40px;
25          }
26          .main{
27              height: 400px;
28          }
29      </style>
30  </head>
31  <body>
32      <header class="head">head</header>
33      <div class="positon">positon</div>
34      <div class="main">main</div>
35      <footer class="copyright">copyright</footer>
36  </body>
37  </html>
```

在例11-1中，设置页面的页眉、页脚部分通栏显示，页面版心宽度1400px，居中显示，运行效果如图11-3所示。

图 11-3　单列布局

11.3.2　两列常规布局

在单列布局的基础上将页面主体区域分为左、右两部分就成为两列布局。在两列布局中，通常一列宽一列窄。较宽的一列作为主要内容显示区域，较窄的一列作为相关内容的显示区域。与单列布局相比，两列布局内容更为丰富，形式更为灵活。两列布局常用在内容列表页面、后台管理页面等。图11-4为一个内容列表页面的两列布局效果。

图 11-4　两列布局示例

【例 11-2】两列布局

```
01    <!DOCTYPE html>
02    <html>
03    <head>
04        <meta charset="UTF-8">
05        <title>两列布局</title>
06        <style>
07            *{
```

```
08              margin: 0;
09              padding: 0;
10          }
11          .head,.positon,.main_left,.main_right,.copyright{
12              background-color: #d9d9d9;
13          }
14          .head,.copyright{
15              /*页眉页脚通栏显示*/
16              width: 100%;
17              height: 100px;
18          }
19          .positon,.main{
20              width: 1400px;  /*版心的宽度*/
21              margin: 10px auto;
22          }
23          .positon{
24              height: 40px;
25          }
26          /*定义左右两列样式*/
27          .main_left,.main_right{
28              height: 400px;
29              float: left;
30          }
31          .main_left{
32              width: 300px;
33          }
34          .main_right{
35              width: 1090px;
36              margin-left: 10px;
37          }
38          .clearfix::after {
39              content: "";
40              display: table;
41              clear: both;
42          }
43      </style>
44  </head>
45  <body>
46      <header class="head">head</header>
47      <div class="positon">positon</div>
48      <div class="main clearfix">
49          <div class="main_left">main_left</div>
50          <div class="main_right">main_right</div>
51      </div>
52      <footer class="copyright">copyright</footer>
53  </body>
54  </html>
```

在例11-2中，将内容区域main分为main_left和main_right两部分，并为这两部分分别设置宽度和向左浮动，运行效果如图11-5所示。

图 11-5 两列布局

11.3.3 三列常规布局

在两列布局的基础上，将较宽的一列再分为两部分就成为左、中、右三列布局。三列布局常用在网站的主页当中，可用于显示较多模块的内容。在如图11-6所示的网站主页中，页面主体部分的"焦点图""工作动态""问题解答"三个模块采用的就是三列布局。

图 11-6 三列布局示例

【例 11-3】三列布局

在例11-2的基础上，将内容区域main分为main_left、main_middle、main_right三部分，并设置三部分均向左浮动，CSS部分代码如下：

```
01  .main_left,.main_right,.main_middle{
02     height: 400px;
03     float: left;
04  }
05  .main_left{
06     width: 300px;
07  }
```

```
08    .main_middle{
09        width: 780px;
10        margin-left: 10px;
11        margin-right: 10px;
12    }
13    .main_right{
14        width: 300px;
15    }
```

HTML部分代码如下:

```
01    <div class="main clearfix">
02        <div class="main_left">main_left</div>
03        <div class="main_middle">main_middle</div>
04        <div class="main_right">main_right</div>
05    </div>
```

例11-3的运行效果如图11-7所示。

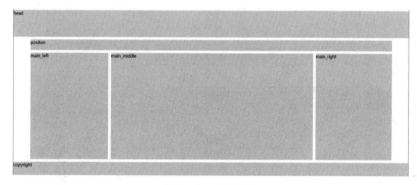

图 11-7　三列布局

在使用浮动实现两列或多列布局时，注意计算每列在页面中所占的总宽度（见8.1.1小节）。如果所有列占的总宽度超出容器的宽度，那么后面的列将被"挤"到下一行。

> 注意：　一个复杂的页面往往是多种布局形式的组合和嵌套，在实现页面布局时，首先可以从横向上将页面划分为多行，然后在每一行中逐步细化。

11.3.4　两列自适应等高布局

在两列布局当中，有时需要左、右两列的高度一致，或者其中一列宽度固定而另一列宽度自适应。这种需求常见于后台管理页面，其中宽度固定的一列为操作菜单，另一列为页面主体内容区域，整体上两列高度一致。

【例 11-4】左侧定宽高度自适应

```
01    <!DOCTYPE html>
02    <html>
03    <head>
04        <meta charset="UTF-8">
```

```
05          <title>左侧定宽 高度自适应</title>
06          <style>
07              .main{
08                  position: relative;
09              }
10              .left{
11                  position: absolute;
12                  top: 0;
13                  left: 0;
14                  bottom: 0;
15                  width: 300px;
16                  background: #1E90FF;
17              }
18              .right{
19                  min-height: 500px; /*最小高度据实际情况调整，内容超出后自动撑开*/
20                  margin-left: 300px;/*至少是左侧的宽度值*/
21                  background: #FEA500;
22              }
23          </style>
24      </head>
25      <body>
26          <div class="main">
27              <div class="left">left</div>
28              <div class="right">right</div>
29          </div>
30      </body>
31  </html>
```

实现两列自适应等高布局有多种方法，例11-4中采用绝对定位来实现。第08行代码设置父元素main为相对定位，第11行代码设置left为绝对定位。第12行、14行代码设置left部分的上、下边偏移均为0，以使其高度和父元素main保持一致，而main的高度是由right撑开的，这样就实现了左、右两列等高。

由于left绝对定位后脱离了标准的文档流，为了避免left遮盖right，故在第20行设置right的margin-left至少为left的宽度值。由于未设置right的宽度，因此采用默认宽度，为100%（从起始位置自动铺满整个屏幕）。

例11-4的运行效果如图11-8所示。

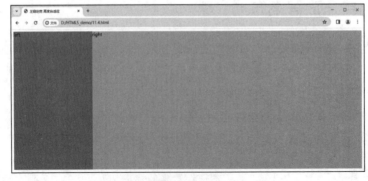

图 11-8　左侧定宽高度自适应布局

11.3.5 三列自适应布局

圣杯布局和双飞翼布局是两种典型的三列自适应布局，两者的主要不同之处在于如何处理中间主列的位置。圣杯布局是利用父容器的左、右内边距和两个列的相对定位来实现；双飞翼布局则是把主列嵌套在一个新的父级块中，并利用主列的左、右外边距进行布局调整。下面详细介绍这两种布局方式的实现流程。

1. 圣杯布局

（1）在容器container中用3个盒子表示3列，为保证中间盒子的内容优先加载，实现页面加载时的视觉优先级，通常将中间盒子放在最前面。HTML部分代码如下：

```
01  <div class="container clearfix">
02      <!-- 中间盒子的元素放在最前面，以便于最先渲染，实现页面加载时的视觉优先级 -->
03      <div class="middle">
04          <h2>圣杯布局</h2>
05      </div>
06      <div class="left"></div>
07      <div class="right"></div>
08  </div>
```

（2）设置左、中、右三部分均向左浮动，以便于三部分在同一行上显示。但是，由于中间部分的宽度为100%（实现中间列内容自适应），因此，左侧和右侧部分依旧会被"挤"到下一行，如图11-9所示。

（3）通过margin-left解决左侧和右侧部分被挤到第二行的问题。其中设置左侧margin-left: -100%（与容器左边缘对齐），右侧margin-left: -300px（300px为右侧自身的宽度）。此时左、右两部分与中间部分在一行显示，并且遮盖了中间部分的一部分内容，效果如图11-10所示。

（4）为了解决遮盖问题，为父容器container设置左右填充，左右填充的值分别为左侧和右侧的宽度，以便于在左侧和右侧预留出相应空间，效果如图11-11所示。

图 11-9　设置 3 列向左浮动后的效果

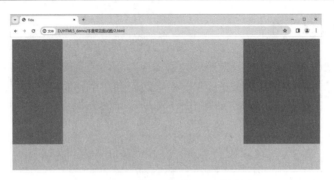

图 11-10　设置 margin-left 后的效果

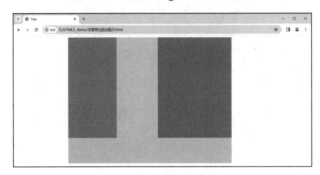

图 11-11　设置 padding 之后的效果

（5）分别为左侧和右侧设置相对定位，让左侧向左偏移，让右侧向右偏移，偏移的值至少为自身宽度。最终运行效果如图11-12所示。

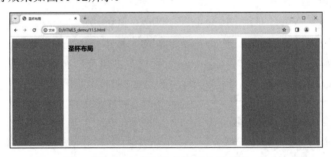

图 11-12　圣杯布局最终效果

【例 11-5】圣杯布局

CSS部分代码如下：

```
01    .container {
02        /* 为左右栏创建空间，使它们能够浮于中间内容的两侧 */
03        padding-left: 220px;
04        padding-right: 320px;
05    }
06    .left {
07        float: left;
08        width: 200px;
09        height: 400px;
```

```
10          background: #FF6448;
11          margin-left: -100%; /* 使.left盒子与容器的左边缘对齐 */
12          position: relative;
13          left: -220px; /* 调整位置，以在左侧留出20px的间距 */
14      }
15      .middle {
16          float: left;
17          width: 100%;
18          height: 400px;
19          background: #D3D3D3;
20      }
21      .right {
22          float: left;
23          width: 300px;
24          height: 400px;
25          background: #1E90FF;
26          margin-left: -300px;/*将margin设置为负值将.right拉回，与容器右边缘对齐 */
27          position: relative;
28          left: 320px; /* 调整位置，以在右侧留出20px的间距 */
29      }
```

2. 双飞翼布局

双飞翼布局最早由淘宝团队提出，它对圣杯布局中使用定位的问题进行了局部优化。在实现过程中，前两步与圣杯布局相同。在解决遮盖问题上，中间主列新增了一个子容器，通过控制这个子容器的margin或者padding空出左、右两列的宽度。

【例 11-6】双飞翼布局

```
01      <!DOCTYPE html>
02      <html>
03      <head>
04          <meta charset="UTF-8">
05          <title>双飞翼布局</title>
06          <style>
07              *{
08                  margin: 0;
09                  padding: 0;
10              }
11              .container {
12                  /*设置容器最小宽度，以保证页面内容在宽度过小时不会重叠*/
13                  min-width: 600px;
14              }
15              .left {
16                  float: left;
17                  width: 200px;
18                  height: 400px;
19                  background: #FF6448;
20                  /*通过将margin设置为负值将左侧栏调整至与容器的左边缘对齐*/
21                  margin-left: -100%;
22              }
```

```
23              .middle {
24                  float: left;
25                  width: 100%;
26              }
27              .right {
28                  float: left;
29                  width: 300px;
30                  height: 400px;
31                  background: #1E90FF;
32                  /*通过将margin设置为负值将右侧栏调整至与容器的右边缘对齐*/
33                  margin-left: -300px;
34              }
35              /*以下为新增的样式，用于实现双飞翼布局的核心部分*/
36              .inner {
37                  /*通过调整左右间距来实现中间内容区域的位置*/
38                  margin: 0 320px 0 220px;
39                  background: #D3D3D3;
40                  height: 400px;
41              }
42              .clearfix::after {
43                  content: "";
44                  display: block;
45                  clear: both;
46              }
47          </style>
48      </head>
49      <body>
50          <div class="container clearfix">
51              <div class="middle">
52                  <div class="inner"><h2>双飞翼布局</h2></div>
53              </div>
54              <div class="left"></div>
55              <div class="right"></div>
56          </div>
57      </body>
58  </html>
```

运行效果如图11-13所示。

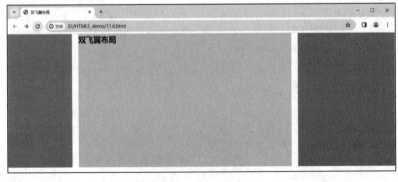

图 11-13　双飞翼布局

11.4 实战案例："大学生参军网站"首页主体部分

首页的主体部分是一个网站的主要内容显示区域，通常会在水平和垂直方向上分割为多个模块，用于显示新闻、图片、产品等内容。本案例仅实现主体部分的布局效果，每一个模块中的细节详见随书电子资源，此处不具体说明。

1. 案例呈现

本案例要完成的首页主体部分的效果如图11-14所示，主体部分分为上、下两部分，每一部分中又分为多列。

图 11-14　案例效果

2. 案例分析

在实现上述布局时，首先在水平方向上分为上、下两部分，然后根据效果图中所展示的模块将上面部分分为左、中、右三列，将下面部分分为左、右两列，页面结构图如图11-15所示。

图 11-15　页面结构图

3. 案例实现

根据以上分析，在HTML中有两个内容显示区域main，每一个main中又包含不同的列。使用HTML搭建页面的结构，代码如下：

```
01  <!DOCTYPE html>
02  <html>
03  <head>
04      <meta charset="UTF-8">
05      <title>页面主体部分</title>
06      <link rel="stylesheet" href="css/css.css">
07  </head>
08  <body>
09      <!--第一行-->
10      <div class="main clearfix">
11          <div class="main_left"></div>
12          <div class="main_middle"></div>
13          <div class="main_right"></div>
14      </div>
15      <!--第二行-->
16      <div class="main clearfix">
17          <div class="video_list"></div>
18          <div class="main_right"></div>
19      </div>
20  </body>
21  </html>
```

创建CSS文件，CSS样式代码如下：

```
01  /* 重置所有元素的外边距和内边距为0 */
02  *{
03      margin: 0;
04      padding: 0;
05  }
06  /* 设置主容器的宽度、外边距和背景颜色 */
07  .main {
08      width: 1400px;
09      margin: 15px auto 0 auto; /* 上边距为15px，下边距为0，左右自动 */
10      background-color: #d9d9d9;
11  }
12  /* 定义左、中、右和视频列表使用浮动布局和相同的高度与背景色 */
13  .main_left, .main_middle, .main_right, .video_list {
14      float: left; /* 左浮动 */
15      height: 250px; /* 高度设置 */
16      background-color: #F7D8E0;
17  }
18  /* 设置左侧栏的宽度 */
19  .main_left {
20      width: 470px;
21  }
22  /* 设置中间栏的宽度，并在左、右两侧添加15px的外边距 */
```

```
23    .main_middle {
24        width: 470px;
25        margin: 0 15px;
26    }
27    /* 设置右侧栏的宽度 */
28    .main_right {
29        width: 430px;
30    }
31    /* 设置视频列表的宽度和右侧外边距 */
32    .video_list{
33        width: 955px;
34        margin-right: 15px;
35    }
36    /* 清除浮动带来的影响，以防止浮动引起的父元素高度塌陷 */
37    .clearfix::after {
38        content: "";
39        display: table;
40        clear: both;
41    }
```

11.5 本 章 小 结

本章介绍了网页布局的基本概念、流程和方法，以及在实现网页布局时要注意的命名规范，并对单列布局、两列布局、三列布局、两列自适应高度布局等常见布局形式的实现进行了重点介绍。通过学习本章内容，读者应该能够实现网页布局。

第12章

Flex 布局

Flex布局是CSS3中新增的一种功能强大的弹性布局方式。使用Flex布局可以轻松地实现元素的居中、对齐和平均分配空间等常见布局效果，能够更好地适配不同尺寸的屏幕和设备终端。本章将介绍Flex布局相关概念，使读者掌握Flex布局中容器和项目的相关属性，能够使用Flex布局方法进行页面布局。

本章学习目标

● 了解 Flex 布局方法和相关概念，能够从 Flex 布局的角度理解和解决问题。
● 掌握容器的相关属性，能够针对不同布局需求灵活配置容器行为。
● 掌握项目的相关属性，具备针对 Flex 布局中各个子元素进行精细控制的能力。

12.1 Flex 布局概述

Flex布局全称为Flexible Box布局模式，是CSS3规范中一项革命性的强大布局技术。它以"弹性"为核心理念，旨在提供一种更为灵活且功能丰富的设计解决方案。运用Flex布局的容器具备卓越的适应性，能够根据设备屏幕宽度的多样性进行动态调整，无论是桌面显示器、平板电脑还是智能手机，都能完美适配并展现最佳视觉效果。

在Flex布局的框架下，容器能够智能地伸缩其内部子元素的宽度和高度，并对子元素的排列方式进行灵活调控，从而使得整体布局能够在各种复杂场景中充分利用空间资源，实现高效的空间填充与布局优化。尤其当面临那些宽度不确定或需要精细对齐分布的设计需求时，Flex布局就显得更为重要和实用。

12.2　Flex 布局相关概念

本节主要介绍Flex布局的相关概念。

1. Flex 容器和项目

使用Flex布局的元素（display: flex或者display: inline-flex）被称为Flex容器（Flex Container），简称为"容器"。容器中的所有子元素（注意是子元素，而非后代元素）会变成Flex元素，该元素被称为Flex项目（Flex Item），简称为"项目"。

2. 主轴、交叉轴、线轴起止点

Flex容器如图12-1所示，容器中存在两根轴，默认情况下水平方向为主轴（main axis），垂直方向为交叉轴（cross axis）。主轴的开始位置（与边框的交叉点）叫作main start，结束位置叫作main end；交叉轴的开始位置叫作cross start，结束位置叫作cross end。项目默认沿主轴排列，单个项目占据的主轴空间叫作main size，占据的交叉轴空间叫作cross size。

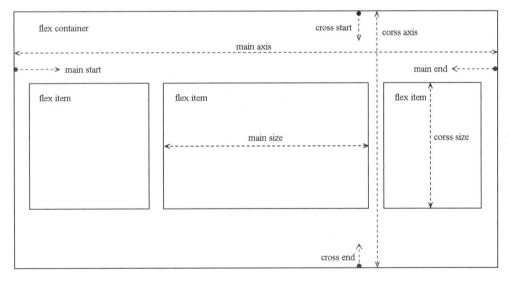

图 12-1　Flex 容器

💡 **注意：** 图 12-1 中取的是相关属性的默认值，实际中主轴不一定是水平方向，而是由 flex-direction 属性决定。

12.3　容　器　属　性

本节主要介绍与容器相关的属性，包括display、flex-direction、flex-wrap、justify-content、align-items和align-content。

12.3.1　display 属性

任何一个容器（块级元素或行内元素）都可以指定为Flex布局，只需将其display属性值设置为flex或者inline-flex即可，示例代码如下：

```
01  .container {
02    display: flex | inline-flex;
03  }
```

父容器设为Flex布局以后，子元素的float、clear和vertical-align属性将失效，且子元素的display属性将变为inline-block。

【例 12-1】Flex 初体验：实现两列自适应等高布局

```
01  <!DOCTYPE html>
02  <html>
03  <head>
04    <meta charset="UTF-8">
05    <title>Flex布局实现两列自适应等高布局</title>
06    <style>
07      .main{
08        display: flex;
09        height: 500px;
10      }
11      .left{
12        width: 300px;
13        background: #1E90FF;
14      }
15      .right{
16        flex: 1;  /*占据其他所有行所剩的空间*/
17        background: #FEA500;
18      }
19    </style>
20  </head>
21  <body>
22    <div class="main">
23      <div class="left">left</div>
24      <div class="right">right</div>
25    </div>
26  </body>
27  </html>
```

例12-1中使用Flex布局实现两列自适应等高布局，第08行代码将父容器的display属性设置为flex，第16行代码设置右侧部分的flex属性为1，让其占满剩余空间。与第11章中例11-4的实现方法相比，Flex布局更为简单、方便。

12.3.2　flex-direction 属性

主轴方向决定了容器内项目的排列方向，通过CSS3中的flex-direction属性可以改变主轴的方向，语法格式如下：

```
flex-direction: row | row-reverse | column | column-reverse;
```

flex-direction属性值的含义如下：

- row：默认值，表示沿水平方向从左到右排列，起点在左端。
- row-reverse：表示沿水平方向从右到左排列，起点在右端。
- column：表示沿垂直方向从上到下排列，起点在上沿。
- column-reverse：表示沿垂直方向从下到上排列，起点在下沿。

【例 12-2】flex-direction 的使用

```
01   <!DOCTYPE html>
02   <html>
03   <head>
04      <meta charset="UTF-8">
05      <title>主轴方向 flex-direction</title>
06      <style>
07          .container1,.container2,.container3,.container4{
08              display: flex;
09              border: 1px solid #9C9C9C;
10              margin: 10px;
11          }
12          .container1 div,.container2 div,.container3 div,.container4 div{
13              width: 60px;
14              height: 60px;
15              text-align: center;
16              line-height: 60px;
17              background-color: #FFBFCB;
18              margin: 5px;
19          }
20          /* 容器1的主轴方向为行，即元素横向排列 */
21          .container1{
22              flex-direction: row;
23          }
24          /* 容器2的主轴方向为行的反方向，即元素从右往左排列 */
25          .container2{
26              flex-direction: row-reverse;
27          }
28          /* 容器3的主轴方向为列，即元素纵向排列 */
29          .container3{
30              flex-direction: column;
31          }
32          /* 容器4的主轴方向为列的反方向，即元素从下往上排列 */
33          .container4{
34              flex-direction: column-reverse;
35          }
36      </style>
37   </head>
38   <body>
```

```
39        <div class="container1">
40            <div>1</div>
41            <div>2</div>
42            <div>3</div>
43        </div>
44        <!--后续3个容器中的内容与container1中相同，详见随书电子资源-->
45    </body>
46 </html>
```

例12-2中对flex-direction的4种属性值进行了对比，运行效果如图12-2所示。

图 12-2　flex-direction 的 4 种属性值的对比

12.3.3　flex-wrap 属性

默认情况下，所有项目会在一条轴线上显示，当容器的宽度不足时，项目的宽度会自动进行调整。我们也可以通过flex-wrap属性来定义换行的方式，语法格式如下：

```
flex-wrap: nowrap | wrap | wrap-reverse;
```

flex-wrap属性值的含义如下：

● nowrap：默认值，表示不换行，当主轴的长度固定并且空间不足时，项目尺寸会进行调整，而且不会换行。

● warp：表示换行，第一行在上方。

● wrap-reverse：表示换行，第一行在下方。

【例 12-3】flex-wrap 的使用

```
01 <!DOCTYPE html>
02 <html>
03 <head>
04    <meta charset="UTF-8">
05    <title>换行方式 flex-wrap</title>
```

```
06        <style>
07            /* 定义3个容器的基本样式，设置为弹性布局并添加边框和外边距 */
08            .container1,.container2,.container3{
09                display: flex;
10                border: 1px solid #9C9C9C;
11                margin: 10px;
12            }
13            /* 定义容器内div的基本样式 */
14            .container1 div,.container2 div,.container3 div{
15                width: 300px;
16                height: 60px;
17                text-align: center;
18                line-height: 60px;
19                background-color: #FFBFCB;
20                margin: 5px;
21            }
22            /* 设置第二个容器的换行方式为正常换行 */
23            .container2{
24                flex-wrap: wrap;
25            }
26            /* 设置第三个容器的换行方式为反向换行 */
27            .container3{
28                flex-wrap: wrap-reverse;
29            }
30        </style>
31    </head>
32    <body>
33        <!—参考例12-2中body部分代码-->
34    </body>
35    </html>
```

例12-3中未定义container1中项目的换行方式，表示取默认值nowrap，项目尺寸随容器的大小自动调整。第24行代码定义容器container2为正常换行，第28行代码定义容器container3为反向换行，运行效果如图12-3所示。

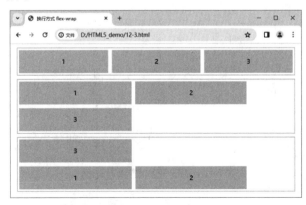

图 12-3　flex-wrap 的使用效果

💡 **注意：** CSS3 中还提供了 flex-flow 属性，该属性是 flex-direction 属性和 flex-wrap 属性的简写，语法为 flex-flow: <flex-direction> <flex-wrap>，默认为 flex-flow:row nowrap。

12.3.4　justify-content 属性

CSS3中提供justify-content属性来定义项目在主轴上的对齐方式，语法格式如下：

```
justify-content: flex-start | flex-end | center | space-between | space-around;
```

使用这个属性前要先确定好主轴，这里假设主轴方向为从左到右，各属性值的含义如下：

- flex-start：默认值，表示左对齐。
- flex-end：表示右对齐。
- center：表示居中。
- space-between：两端对齐，每两个项目之间的间隔都相等。
- space-around：每个项目两侧的间隔相等。

【例 12-4】justify-content 的使用

```
01  <!DOCTYPE html>
02  <html>
03  <head>
04      <meta charset="UTF-8">
05      <title>主轴上的排列方式 justify-content</title>
06      <style>
07          /* 容器及项目的通用样式设置参考随书电子资源 */
08
09          /* 设置容器1的主轴对齐方式为左对齐 */
10          .container1{
11              justify-content: flex-start;
12          }
13          /* 设置容器2的主轴对齐方式为右对齐 */
14          .container2{
15              justify-content: flex-end;
16          }
17          /* 设置容器3的主轴对齐方式为居中对齐 */
18          .container3{
19              justify-content: center;
20          }
21          /* 设置容器4的主轴对齐方式为项目之间的空间等分 */
22          .container4{
23              justify-content: space-between;
24          }
25          /* 设置容器5的主轴对齐方式为项目两侧的空间相等 */
26          .container5{
27              justify-content: space-around;
28          }
29      </style>
```

```
30      </head>
31      <body>
32          <!--参考随书电子资源-->
33      </body>
34      </html>
```

例12-4中对justify-content的5种属性值进行了比较。需要注意的是，属性值space-between表示每两个项目之间的间隔相等，而属性space-around表示每个项目两侧的间隔相同。因此，当属性值为space-around时，项目之间的间隔比项目与边框之间的间隔大1倍。运行效果如图12-4所示。

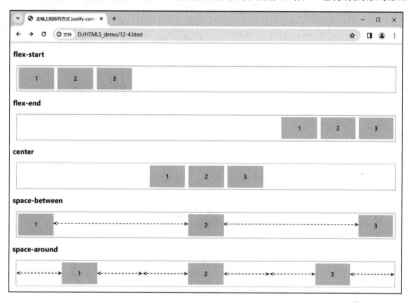

图 12-4　比较 justify-content 的 5 种属性值

12.3.5　align-items 属性

CSS3中提供align-items属性来定义项目在交叉轴上的对齐方式，语法格式如下：

```
align-items: flex-start | flex-end | center | baseline | stretch;
```

与justify-content类似，该属性与交叉轴的方向有关，假设交叉轴方向为从上到下，各属性值的含义如下：

- flex-start：表示与交叉轴的起点对齐。
- flex-end：表示与交叉轴的终点对齐。
- center：表示与交叉轴的中点对齐。
- baseline：表示与项目的第一行文字的基线对齐。
- stretch：默认值，如果项目未设置高度或设为 auto，则将占满整个容器的高度。

【例 12-5】align-items 的使用

```
01      <!DOCTYPE html>
02      <html>
```

```
03    <head>
04        <meta charset="UTF-8">
05        <title>交叉轴上的排列方式 align-items</title>
06        <style>
07            /* 容器及项目的通用样式设置参考随书电子资源 */
08            /* 定义项目不同高度和字体大小，以便于测试center和baseline属性 */
09            .box1{height: 60px;}
10            .box2{height: 80px; font-size: 50px;}
11            .box3{height: 100px;}
12            /* 分别为5个容器设置不同的align-items属性，以展示不同的垂直对齐方式 */
13            .container1{align-items: flex-start;}
14            .container2{align-items: flex-end;}
15            .container3{align-items: center;}
16            .container4{align-items: baseline;}
17            .container5{align-items: stretch;}
18        </style>
19    </head>
20    <body>
21        <!--参考随书电子资源-->
22    </body>
23    </html>
```

　　第13~17行代码对align-items属性的5种值进行了详细对比，可以更直观地感受align-items属性的不同值对项目垂直对齐方式的影响。例12-5的运行效果如图12-5所示。

图 12-5　对比 align-items 的 5 种属性值

12.3.6　align-content 属性

align-content属性用于设置多行Flex项目（当 flex-wrap 设置为 wrap 或wrap-reverse时）在交叉轴上的对齐方式。这个属性仅适用于具有多行内容的弹性容器，即子元素因为容器空间不足而换行的情况。如果项目只有一根轴线，那么该属性不起作用。语法格式如下：

```
align-content: flex-start | flex-end | center | space-between | space-around
| stretch;
```

align-content属性值的含义如下：

- flex-start：表示与交叉轴的起点对齐。
- flex-end：表示与交叉轴的终点对齐。
- center：表示与交叉轴的中点对齐。
- space-between：表示与交叉轴两端对齐，轴线之间的间隔平均分布。
- space-around：表示每根轴线两侧的间隔都相等。因此轴线之间的间隔比轴线与边框的间隔大 1 倍。
- stretch：默认值，表示轴线占满整个交叉轴。

【例 12-6】align-content 的使用

```
01  <!DOCTYPE html>
02  <html>
03  <head>
04      <meta charset="UTF-8">
05      <style>
06          .flex-container {
07              display: flex;/* 定义一个弹性布局容器 */
08              flex-wrap: wrap; /* 允许内容在容器内换行 */
09              /* 设置高度，以便在垂直方向上有足够的空间展示align-content的效果 */
10              height: 200px;
11              background-color: #f0f0f0; /* 设置背景颜色以便于观察 */
12              /* 在多行情况下，各行项目在垂直方向上均匀分布，每行两侧都有相等间距 */
13              align-content: space-around;
14          }
15          /* 定义弹性子项样式 */
16          .flex-item {
17              background-color: #ccc;
18              width: 60px;
19              height: 60px;
20              margin: 5px; /* 设置子项间的距离，以便观察对齐效果 */
21              line-height: 60px;
22              text-align: center;
23              border: 1px solid black;
24          }
25      </style>
26  </head>
```

```
27    <body>
28        <div class="flex-container">
29            <!-- 弹性子项列表 -->
30            <div class="flex-item">1</div>
31            ...
32            <div class="flex-item">10</div>
33        </div>
34    </body>
35    </html>
```

第13行代码设置各行项目在垂直方向上均匀分布。例12-6的运行效果如图12-6所示。

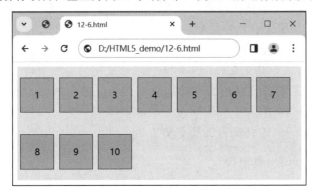

图 12-6　align-content 的使用

12.4　项 目 属 性

本节将介绍项目属性的相关内容，包括order、flex-grow、flex-shrink、flex-basis和flex等。

12.4.1　order 属性

order属性用于定义项目的排列顺序，属性值为整数，数值越小排列越靠前，默认值为 0。其语法格式如下：

```
.item { order: <integer> }
```

order属性调整了元素的显示顺序，使项目不再依赖于HTML文档流中的实际位置或者源码中的顺序。order属性为开发者提供了一种灵活的排序机制，可以方便地调整布局中元素的顺序，实现各种复杂的布局效果。例如，在响应式设计中，可以利用它来根据不同屏幕尺寸重新排列布局元素；在可交互组件中，可以通过改变元素的order值来实现拖曳排序等功能；还可以使用order属性来调整页面中某些特定元素的显示顺序，以满足特定的视觉或功能需求。

【例 12-7】order 的使用

```
01    <!DOCTYPE html>
02    <html>
```

```
03  <head>
04      <meta charset="UTF-8">
05      <title>优先显示促销或热销商品</title>
06      <style>
07          .product-list {
08              display: flex;
09              flex-wrap: wrap;
10          }
11          /* 默认情况下所有商品按照源码顺序排列 */
12          .product-item {
13              order: 1;
14          }
15          /* 对于带有促销标签的商品，将其排在前面 */
16          .promotion-item {
17              order: -1; /* 或者 order: 0，取决于其他商品的默认order值 */
18          }
19      </style>
20  </head>
21  <body>
22      <div class="product-list flex-container">
23          <div class="product-item">普通商品A</div>
24          <div class="product-item promotion-item">热销商品B</div>
25          <div class="product-item">普通商品C</div>
26      </div>
27  </body>
28  </html>
```

第24行代码中的"热销商品B"虽然在HTML结构中是第二个商品，但是它套用了类选择器.promotion-item，而且第17行代码在该类选择器中设置order属性值为-1，因此它显示在商品列表的第一个位置，从而达到突出促销商品的目的。例12-7的运行效果如图12-7所示。

图 12-7　order 的使用

12.4.2　flex-grow 属性

当Flex项目的宽度总和小于Flex容器的宽度时，容器中未被Flex项目占用的那部分空间成为剩余空间。在如图12-8所示的示意图中，容器的宽度为500px，项目的宽度分别为100px和200px，剩余空间的宽度为(500-100-200)px=200px。

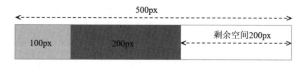

图 12-8　剩余空间

在CSS3中通过flex-grow属性定义项目的放大比例，即当出现剩余空间时，该项目可以分到多少剩余空间。其语法格式如下：

```
flex-grow: <number>; /* default 0 */
```

在分配剩余空间时，是根据各个项目的flex-grow属性值，按比例进行分配的。flex-grow属性的默认值为0，即如果存在剩余空间，也不放大。

【例 12-8】flex-grow 属性

```
01  <!DOCTYPE html>
02  <html>
03  <head>
04      <meta charset="UTF-8">
05      <title>flex-grow属性</title>
06      <style>
07          /* 定义容器的样式 */
08          .container{
09              display: flex;
10              border: 1px solid #9C9C9C;
11              width: 500px;
12          }
13          /* 定义两个子元素的共同样式 */
14          .box1,.box2{
15              text-align: center;
16              line-height: 60px;
17          }
18          /* 定义第一个子元素的特定样式 */
19          .box1{
20              width: 100px; /* 设置初始宽度 */
21              flex-grow: 2; /* 相对伸展，分配剩余空间的2/5 */
22              background-color: #FFBFCB;
23          }
24          /* 定义第二个子元素的特定样式 */
25          .box2{
26              width: 200px; /* 设置初始宽度 */
27              flex-grow: 3; /* 相对伸展，分配剩余空间的3/5 */
28              background-color: #B464B4;
29          }
30      </style>
31  </head>
32  <body>
33      <h3>flex-grow</h3>
34      <div class="container">
35          <div class="box1">box1</div>
36          <div class="box2">box2</div>
37      </div>
38  </body>
39  </html>
```

在例12-8中，剩余空间的大小为(500-100-200)px=200px，第21行代码设置box1的flex-grow属

性值为2，第27行代码设置box2的flex-grow属性值为3。因此box1分到的剩余空间为2/(2+3)×200px=80px，其最终宽度为(100+80)px=180px。同理可得box2的最终宽度为320px。运行效果如图12-9所示。

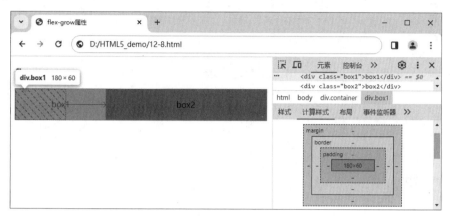

图 12-9   flex-grow 的使用

12.4.3   flex-shrink 属性

当Flex项目的宽度总和大于Flex容器的宽度时，就会出现空间不足的情况。在CSS3中通过flex-shrink属性定义项目的缩小比例，语法格式如下：

```
flex-shrink: <number>; /* default 1 */
```

flex-shrink属性的默认值为1，即如果空间不足，则该项目将缩小。如果一个项目的flex-shrink属性值为0，表示不缩小。与flex-grow属性类似，在进行项目缩小时，是根据各个项目的flex-shrink属性值按比例进行缩放的。

【例 12-9】flex-shrink 属性

```
01    <!DOCTYPE html>
02    <html>
03    <head>
04       <meta charset="UTF-8">
05       <title>flex-shrink属性</title>
06       <style>
07          .container{
08             display: flex;
09             border: 1px solid #9C9C9C;
10             width: 300px;
11          }
12          .box1,.box2{
13             text-align: center;
14             line-height: 60px;
15          }
16          .box1{
```

```
17              width: 200px;
18              flex-shrink: 1;
19              background-color: #FFBFCB;
20          }
21          .box2{
22              width: 200px;
23              flex-shrink: 3;
24              background-color: #B464B4;
25          }
26      </style>
27  </head>
28  <body>
29      <!--HTML部分代码参考例12-8-->
30  </body>
31  </html>
```

第10行代码定义容器宽度为300px，第17和22行代码定义box1和box2的宽度均为200px，因此超出容器宽度为100px。而box1和box2定义的flex-shrink分别为1和3，因此box1减少的宽度是1/(1+3)×100px=25px，实际宽度为(200−25)px=175px。同理可得box2的实际宽度为125px。例12-9的运行效果如图12-10所示。

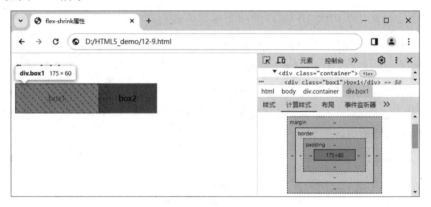

图 12-10　flex-shrink 的使用

12.4.4　flex-basis 属性

flex-basis属性用于定义在分配多余空间之前，项目占据的主轴空间。浏览器根据这个属性计算主轴是否有多余空间。它的默认值为auto，即项目的本来大小（设置的width或内容的大小）。语法格式如下：

```
flex-basis: <length> | auto;
```

当flex-direction属性设置为row或row-reverse时，flex-basis和width具有相似的意义，都用于确定元素的基本宽度。但是，flex-basis属性只在Flex容器中起作用，并且优先级高于width属性，即当同时设置flex-basis和width属性时，flex-basis的值将覆盖width的值。在Flex布局中，建议使用flex-basis属性来设置元素的基本宽度，而不使用width属性。这样可以更好地利用Flex布局的特性，并确保元素在容器中正确地排列和对齐。

当flex-direction属性设置为column或column-reverse时，flex-basis和height的作用类似。

12.4.5 flex 属性

flex是flex-grow、flex-shrink、flex-basis的缩写形式，后两个属性可选。语法格式如下：

```
flex: none | [ <'flex-grow'> <'flex-shrink'>? || <'flex-basis'> ]
```

属性值none表示弹性项不参与伸缩，相当于设置了flex-grow: 0、flex-shrink: 0和flex-basis: auto，这是一个快捷值。flex-grow属性值默认为0，flex-shrink属性值默认为1，flex-basis属性值默认为auto。

【例 12-10】flex 布局案例——留言列表

HTML部分代码如下：

```
01  <!DOCTYPE html>
02  <html>
03  <head>
04      <meta charset="UTF-8">
05      <title>留言列表</title>
06      <link rel="stylesheet" href="css/css.css">
07  </head>
08  <body>
09      <div class="message-container">
10          <div class="message">
11              <div class="message-header">
12                  <img class="avatar" src="images/1.jpg" alt="用户头像" />
13                  <span class="username">安平</span>
14                  <span class="timestamp">2024-02-09</span>
15              </div>
16              <div class="message-body">
17                  <p>韶华常在，明年依旧，相与笑春风！</p>
18              </div>
19          </div>
20          <!-- 下方可有更多留言... -->
21      </div>
22  </body>
23  </html>
```

容器message-container中的所有留言从上到下进行Flex布局；每条message中的message-header和message-body在水平方向上进行Flex布局，且右侧留言内容是弹性缩放的，左侧message-header中的头像、昵称、时间在垂直方向进行Flex布局。CSS代码如下：

```
01  .message-container {
02      display: flex;
03      flex-direction: column;
```

```
04    }
05    .message {
06        margin-bottom: 20px; /* 每条留言之间的距离 */
07        display: flex;
08    }
09    .message-header {
10        display: flex;
11        flex-direction: column;
12        align-items: center; /* 垂直居中 */
13        margin-right: 20px;
14        font-size: 12px;
15        color: #888888;
16    }
17    .message-body{
18        background-color: #F1F2F6;
19        border-radius: 10px;
20        color: #666666;
21        flex: 1;
22        padding: 10px; /* 内容内边距 */
23    }
24    .avatar {
25        width: 50px; /* 头像宽度 */
26        height: 50px; /* 头像高度 */
27        border-radius: 50%; /* 圆形头像 */
28    }
```

第21行代码"flex:1"是"flex: 1 1 0%"的简写形式，表示允许元素在容器中增长（如果有剩余空间）或缩小（如果空间不足），同时其初始大小是基于其内容来决定的，常用于创建自适应布局、网格系统或需要内容区域平分空间的场景。例12-10的运行效果如图12-11所示。

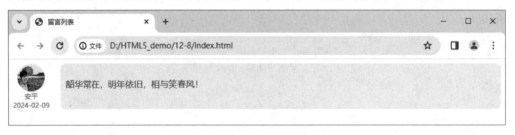

图 12-11　留言列表效果

12.5　实战案例："大学生参军网站"导航条

导航条是一个网页的重要组成部分，它为用户提供了一个清晰的指引，引导用户方便、快捷地进入网站中的其他页面。导航条会在站点中的每个页面中出现，通常位于页面头部的站点Logo的右侧，或者在站点Logo的下方单独占一行。

1. 案例呈现

本案例要完成的导航条的效果如图12-12所示，导航条分为站点Logo和导航菜单两部分，各导航菜单项之间的距离相同。

图 12-12 案例效果

2. 案例分析

在实现上述布局时，导航容器采用Flex布局，水平向右为主轴，设置项目在主轴上两端对齐，在交叉轴上中心对齐，最后调整站点Logo和导航菜单之间的距离即可。

3. 案例实现

根据以上分析，在HTML中有导航容器navbar，在navbar中包含navbar-brand和nav-link两部分。使用HTML搭建页面的结构，代码如下：

```
01  <!DOCTYPE html>
02  <html>
03  <head>
04      <meta charset="UTF-8">
05      <title>大学生参军入伍导航条</title>
06      <link rel="stylesheet" href="css/css.css">
07  </head>
08  <body>
09      <nav class="navbar">
10      <a href="#" class="navbar-brand">
11          <img src="images/logo.png" alt="">
12      </a>
13      <a href="#" class="nav-link">首页</a>
14      <a href="#" class="nav-link">参军政策</a>
15      <a href="#" class="nav-link">报名条件</a>
16      <a href="#" class="nav-link">问题解答</a>
17      <a href="#" class="nav-link">在线报名</a>
18      <a href="#" class="nav-link">军旅生活</a>
19      <a href="#" class="nav-link">退役风采</a>
20      </nav>
21  </body>
22  </html>
```

创建CSS文件，CSS样式代码如下：

```
01  *{
02      margin: 0;
03      padding: 0;
```

```
04    }
05    /* 导航容器样式 */
06    .navbar {
07       display: flex;/* 设置Flex布局*/
08       justify-content: space-between; /* 主轴上的对齐方式为两端对齐*/
09       align-items: center; /* 交叉轴上的对齐方式为中心对齐 */
10       background-color: #198063;
11       padding: 10px;
12       height: 75px;
13    }
14    /* 站点Logo样式 */
15    .navbar-brand{
16       margin-right: 100px;
17    }
18    /* 导航链接样式 */
19    .nav-link {
20       color: #FFFFFF;
21       font-size: 18px;
22       text-decoration: none;
23       margin-right: 20px;
24    }
```

12.6　本章小结

　　本章介绍了Flex布局方法和相关基本概念，并重点讲解了容器和项目的属性。采用Flex布局使容器具有了弹性，可以更好地适配多种终端，从而方便快捷地实现复杂的页面布局效果。通过学习本章内容，读者应该能够实现Flex布局。

第13章

Grid 布局

Grid布局是一种强大的CSS布局方案，它将网页划分为一个个网格，然后利用这些网格组合做出各种各样的布局。相比于Flex布局，Grid布局具有高度的灵活性和可操作性，更加适合用于创建二维布局。本章将介绍Grid布局相关概念，使读者掌握Grid布局中容器和项目的相关属性，能够灵活使用Grid布局进行页面布局。

本章学习目标

- 了解 Grid 布局方法和相关概念，具备网格布局的思维。
- 掌握容器的相关属性，能够根据实际问题设置容器属性。
- 掌握项目的相关属性，具备对项目进行精细控制的能力。

13.1　Grid 布局概述

Grid布局又称为网格布局（Grid Layout），是一种功能极为强大的二维网页布局系统。它将容器划分为行和列，产生单元格，然后指定元素所在的网格单元。相较于传统的布局方式（如浮动布局、定位布局、Flex布局），Grid布局提供了一种更为精细和灵活的方式来实现复杂的网页布局结构。这种布局方式极大地增强了网页设计的灵活性和创造性，使得开发者能够高效地构建复杂、模块化和适应性强的布局方案。

Grid布局与Flex布局的相似之处在于都可以指定容器内部多个项目的位置，但两者又存在较大的区别。Flex布局只能基于水平主轴或垂直的主轴进行布局，是一种一维布局；而在Grid布局中，由水平方向的行和垂直方向的列划分容器产生单元格，是一种二维布局。当需要实现多行多列的效果时，使用Grid布局更为方便、快捷。

13.2　Grid 布局相关概念

1. Grid 容器和项目

使用Grid布局的元素，被称为Grid容器（Grid Container），简称"容器"。容器中的所有直接子元素（不含子孙元素）会变成Grid元素，称为Grid项目（Grid item），简称"项目"。例如：

```
01  <div class="container" style="display: grid;">
02      <div class="item"><p></p></div>
03      <div class="item"><p></p></div>
04      <div class="item"><p></p></div>
05  </div>
```

第01行代码中的div为网格容器，第02~04行代码中的class属性为"item"的div元素为网格项目，但是该div标签中嵌套的p元素并不是网格项目，不受Grid网格布局的影响。

2. 行、列、单元格

如图13-1所示，容器中划分网格的线被称网格线（Grid Line），网格线分为水平网格线和垂直网格线两种，两条水平网格线之间的区域称为行（Row），两条垂直网格线之间的区域称为列（Column），行、列交叉区域称为单元格（Cell）。

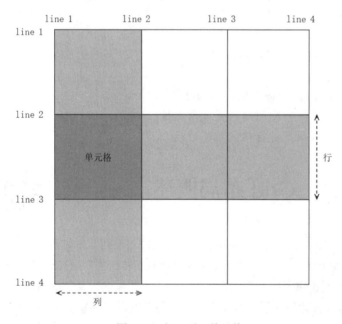

> 💡 **注意：** 网格（Grid）和单元格（Cell）是两个不同的概念。网格是由行和列组成的二维布局系统，是一个宏观的概念；单元格是网格中的一个网格单元，它是行和列的交叉区域。

图 13-1　行、列、单元格

13.3　容 器 属 性

本节介绍容器的相关属性，包括display、划分网格、行间隔和列间隔、项目对齐。

13.3.1　display 属性

任何一个容器（块级元素或内联元素）都可以被指定为Grid布局，只需将其display属性值设置为grid或者inline-grid即可。例如：

```
01  .container {
02      display: grid | inline-grid;
03  }
```

将父容器设为Grid布局以后，子元素的float、clear和vertical-align属性将失效，且子元素的display属性将变为inline-block。

【例 13-1】Grid 布局初体验：九宫格

```
01  <!DOCTYPE html>
02  <html>
03  <head>
04      <meta charset="UTF-8">
05      <title> Grid布局初体验：九宫格</title>
06      <style>
07          .container {
08              display: grid;
09              grid-template-columns: 100px 100px 100px; /*3列，每列宽100px*/
10              grid-template-rows: 100px 100px 100px; /*3行，每行宽100px*/
11          }
12      </style>
13  </head>
14  <body>
15      <!--容器中暂无项目，需借助浏览器的开发者工具查看效果-->
16      <div class="container"></div>
17  </body>
18  </html>
```

第08行代码指定容器使用Gird布局，第09、10行代码将容器水平划分为3行、垂直划分为3列。本例运行效果如图13-2所示。

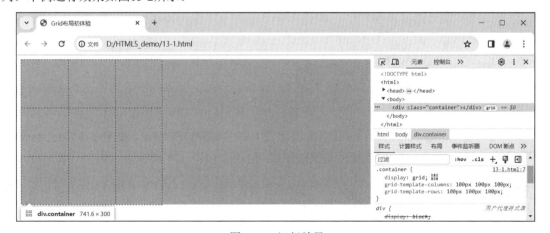

图 13-2　运行效果

本例的容器中暂未放置项目，借助浏览器的开发者工具可以查看九宫格效果。当然，在容器中添加9个盒子，并设置为左浮动也可以实现同样的效果。但比较而言，使用Grid布局更为简单。

13.3.2　划分网格

在Grid布局中最重要的就是划分行和列，CSS3中提供了grid-template-columns属性定义每一列的列宽、grid-template-rows属性定义每一行的行高。两者的使用方法相同，属性值以空格分隔，属性值的个数代表了行（列）的数量，值可以是固定值、百分比、关键字或者函数。

1. 固定值

固定值适用于单元格宽度、高度固定的情形，大小不受容器的影响，单位通常是像素（px）。

【例 13-2】划分网格：固定值

```
01  <!DOCTYPE html>
02  <html>
03  <head>
04    <meta charset="UTF-8">
05    <title>划分网格：固定值</title>
06    <style>
07      .container {
08        display: grid;
09        grid-template-columns: 100px 100px 100px; /*3列，每列宽100px*/
10        grid-template-rows: 100px 100px 100px;  /*3行，每行宽100px*/
11      }
12      .container div{
13        font-size: 20px;
14        border: 1px solid #378de4;
15      }
16    </style>
17  </head>
18  <body>
19    <div class="container">
20      <div>1</div>
21      <div>2</div>
22      ...
23      <div>9</div>
24    </div>
25  </body>
26  </html>
```

例13-2中使用grid-template-columns将容器划分为3列，每列宽100px；使用grid-template-rows将容器划分为3行，每行宽100px，运行效果如图13-3所示。

💡 **注意：** 为了便于观察效果，例 13-2 中为每个项目设置了边框线。由于两个项目之间的边框线会重叠，因此容器内部的边框线要比四周的边框线粗。

例 13-3~例 13-5 均是在例 13-2 的基础上进行调整。

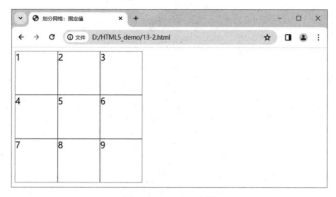

图 13-3 运行效果

2. 百分比

按设置的比例分配容器的空间，单元格的大小会随容器大小的变化而变化。

【例 13-3】划分网格：百分比

```
01  .container {
02      display: grid;
03      height: 300px;
04      grid-template-columns: 10% 30% 60%;
05      grid-template-rows: 20% 30% 50%;
06  }
```

容器默认宽度为100%，第04行代码将容器划分为3列，各列占比1:3:6。第05行代码将容器划分为3行，各行占比2:3:5。本例运行效果如图13-4所示。

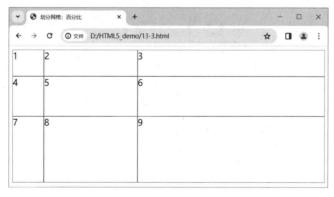

图 13-4 运行效果

3. auto 关键字

根据容器的大小，自动计算每行（列）的数值，适用于等分或者弹性伸缩的情形。

【例 13-4】划分网格：auto

```
01  .container {
02      display: grid;
03      height: 300px;
```

```
04        grid-template-columns: 100px auto 200px;
05        grid-template-rows: auto auto auto;
06    }
```

第04行代码设置第1列宽度为100px，第3列宽度为200px，第2列的宽度根据容器的宽度自动伸缩；第05行代码设置每行的高度均为auto，因此等分为3行。本例运行效果如图13-5所示。

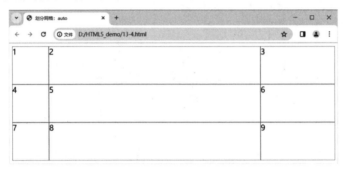

图 13-5　运行效果

4. fr 关键字

fr（fraction）是Grid布局中新引入的长度单位，是一个相对单位，表示剩余空间做等分。每一个"fr"单元会分配一个可用的空间。例如，两个元素分别被设置为1fr和3fr，那么空间会被平均分配为4份，其中第一个元素占1/4，第二个元素占3/4。fr也可以和像素（px）混合使用。

【例 13-5】划分网格：fr

```
01    .container {
02        display: grid;
03        height: 300px;
04        grid-template-columns: 1fr 2fr 3fr;
05        grid-template-rows: 100px 2fr 3fr;
06    }
```

第04行代码将列按照1:2:3的比例进行划分；第05行代码设置第一行占100px，而容器的高度为300px，因此剩余空间为200px，第2行、第3行按照2:3的比例分配剩余空间。本例运行效果如图13-6所示。

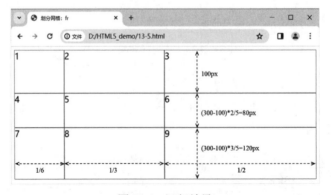

图 13-6　运行效果

5. repeat()函数

当要划分的行或列较多时，使用repeat()函数可以简化重复的值。repeat()接收两个参数，第一个参数是重复的次数，第二个参数为重复的值或者某种模式。

【例 13-6】划分网格：repeat()函数

```
01    .container {
02        display: grid;
03        height: 500px;
04        grid-template-columns: repeat(3,200px);
05        grid-template-rows: repeat(2,50px 2fr 3fr);
06    }
```

第04行代码将容器划分为3列，每列宽为200px；第05行代码设置行按照"50px、2fr、3fr"的模式重复2次（共6行）。本例运行效果如图13-7所示。

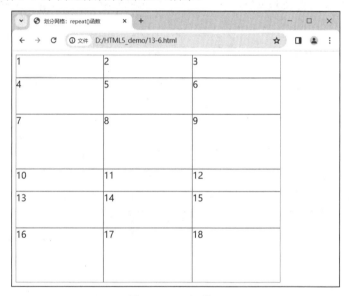

图 13-7   运行效果

6. auto-fill 关键字

auto-fill表示自动填充，即根据容器的大小和项目的大小自动计算填充的个数。它适用于项目的大小固定而容器的大小不确定的情形。使用auto-fill关键字可以充分利用整个容器空间，创建灵活、有序、响应式的网页布局。

【例 13-7】划分网格：auto-fill 关键字

```
01    .container {
02        display: grid;
03        grid-template-columns: repeat(auto-fill,200px);
04    }
```

第03行代码设置每列的宽度是200px。每行能显示的单元格个数是根据容器的宽度自动计算得出的，当容器的宽度改变时，每行显示的项目个数也会随之改变。本例运行效果如图13-8所示。

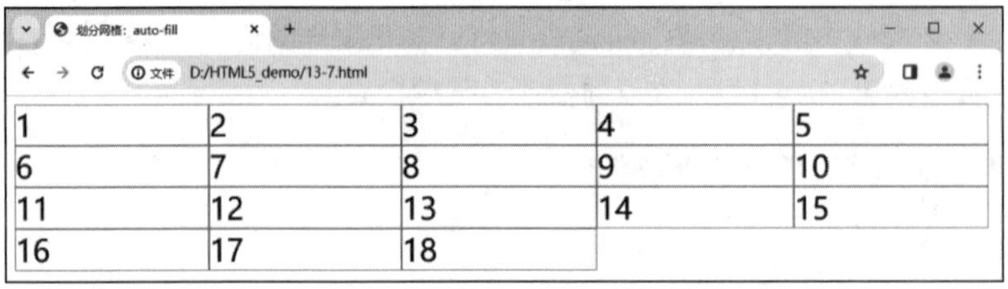

图 13-8　运行效果

7. minmax()函数

minmax()用于定义项目的最小和最大宽度或高度。它接收两个参数，第一个参数表示最小值，第二个参数表示最大值。使用minmax()函数，可以创建具有动态大小的网格项，这些网格项可以根据容器的大小自动调整其宽度或高度，主要用于创建响应式和动态的网格布局，以适应不同屏幕尺寸和分辨率的设备。

【例 13-8】划分网格：minmax()函数

```
01    .container {
02      display: grid;
03      grid-template-columns: repeat(auto-fill,minmax(300px,1fr));
04    }
```

第03行代码定义每列的最小宽度为300px，最大宽度为1fr（占满整行），每行单元格的个数采用自动填充。在容器宽度变化的情况下，始终保持每个项目的宽度在300px以上。当容器宽度不断减小，无法保证项目宽度大于300px时，则自动减少每行单元格的个数。本例运行效果如图13-9所示。

图 13-9　运行效果

13.3.3　行间隔和列间隔

在Grid布局中，使用row-gap设置行与行的间隔，使用column-gap设置列与列的间隔，属性值一般为像素。

gap属性是row-gap和column-gap的合并简写形式，其属性值有两个：第一个值表示行间隔，第二个值表示列间隔。当省略第二个属性值时，表示它与第一个属性值相同。

【例 13-9】行间隔和列间隔

```
01  .container {
02    display: grid;
03    grid-template-columns: repeat(auto-fill,minmax(300px,1fr));
04    /*row-gap: 10px;*/
05    /*column-gap: 20px;*/
06    gap: 10px 20px;
07  }
```

在例13-8的基础上增加第06行代码，设置行间隔和列间隔。本例运行效果如图13-10所示。

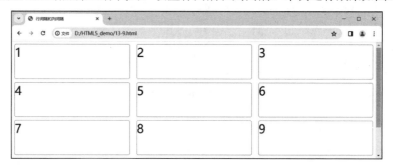

图 13-10　运行效果

注意： 早期使用 grid-row-gap、grid-column-gap、grid-gap 表示行间隔和列间隔，最新标准中 "grid-" 前缀已删除。

13.3.4　项目对齐方式

在网格布局中，justify-content属性用于定义网格项目在水平方向上的对齐方式，align-content 属性用于定义网格项目在垂直方向上的对齐方式。两者可用的属性值相同，以justify-content为 例，常用属性值如下：

- start：默认值，将所有项目向主轴起点对齐。
- end：将所有项目向主轴终点对齐。
- center：将所有项目在主轴方向上居中对齐。
- space-between：在项目之间均匀分配空间，第一个和最后一个项目分别紧贴容器的主 轴起始端和结束端。
- space-around：在每个项目的两侧都平均分配空间，因此项目之间的空间是相等的， 但项目与容器边缘的空间是项目自身间距的一半。
- space-evenly：每个项目之间的间隔和项目与容器边界的间隔都是相等的，因此整个 网格在水平方向上均匀分布。

注意： space-between 指项目与项目之间，space-around 指项目周围，space-evenly 确保间隔均匀。

【例 13-10】项目对齐方式

```
01  <!DOCTYPE html>
02  <html>
03  <head>
04      <meta charset="UTF-8">
05      <title>项目对齐方式</title>
06      <style>
07          /* 定义3个容器的通用样式 */
08          .container1, .container2, .container3 {
09              display: grid; /* 使用网格布局 */
10              grid-template-columns: repeat(3, 300px); /*共3列，每列300px */
11              gap: 10px; /* 网格元素之间的距离 */
12              align-content: center; /* 垂直方向上居中对齐 */
13              border: 1px solid #9C9C9C;
14          }
15          /* 定义3个容器内div元素的通用样式 */
16          .container1 div, .container2 div, .container3 div {
17              height: 50px;
18              background-color: #FBC2EB;
19          }
20          /* 项目水平居中对齐 */
21          .container1 {
22              justify-content: space-around;
23          }
24          /* 项目之间的间隔相等 */
25          .container2 {
26              justify-content: space-between;
27          }
28          /* 项目之间和项目与容器之间的间隔均相等 */
29          .container3 {
30              justify-content: space-evenly;
31          }
32      </style>
33  </head>
34  <body>
35      <h3>space-around</h3>
36      <div class="container1">
37          <div></div>
38          <div></div>
39          <div></div>
40      </div>
41      <!--后续HTML结构与container1类似，参见随书电子资源-->
42  </body>
43  </html>
```

　　从例13-10中可以看出，Grid布局中项目对齐方式的设置方法与Flex布局中的设置方法基本相同。本例运行效果如图13-11所示。

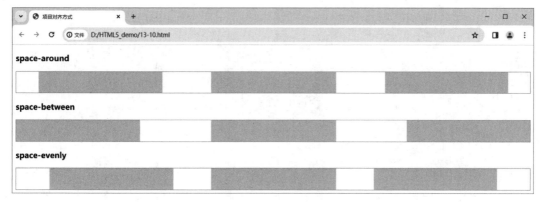

图 13-11　运行效果

> **注意：** 网格布局中还提供了 justify-items 和 align-items 来控制网格项内部内容的对齐方式，如左对齐、右对齐、居中对齐等。它们与 justify-content、align-content 的主要区别在于应用对象和对齐方式的不同，读者可自行查阅相关资料。

13.4　项　目　属　性

本节介绍项目的相关属性。

13.4.1　grid-column 和 grid-row 属性

默认情况下，容器中的项目是按照它在HTML中的先后顺序进行呈现的，但也可以使用 grid-column-start、grid-column-end、grid-row-start、grid-row-end精确地控制网格项在网格容器中的位置和尺寸，从而实现复杂的布局效果。

- grid-column-start：定义项目开始的列线。
- grid-column-end：定义项目结束的列线。
- grid-row-start：定义项目开始的行线。
- grid-row-end：定义项目结束的行线。

以上属性的值代表第几根网格线，也可以使用span关键字来跨越多个列，即左右边框（上下边框）之间跨越多少个网格。

grid-column-start和grid-column-end可以简写为grid-column，grid-row-start和grid-row-end可以简写为grid-row。

【例 13-11】项目定位

```
01    <!DOCTYPE html>
02    <html>
03    <head>
04        <meta charset="UTF-8">
```

```
05          <title>项目定位</title>
06          <style>
07              .container {
08                  display: grid;
09                  grid-template-columns: repeat(3, 100px);
10                  grid-template-rows: repeat(3, 100px);
11                  gap: 10px;
12              }
13              .container div {
14                  background-color: #FBC2EB;
15              }
16              .item1 {
17                  /* 定义项目在网格中的起始列为1 */
18                  grid-column-start: 1;
19                  /* 定义项目在网格中的结束列为2 */
20                  grid-column-end: 2;
21                  /* 定义项目在网格中的起始行为3、结束行为4 */
22                  grid-row: 3/4;
23              }
24          </style>
25      </head>
26      <body>
27          <div class="container">
28              <div class="item1">定位的项目</div>
29              <div></div>
30              ...
31              <div></div>
32          </div>
33      </body>
34  </html>
```

第18、20行代码设置项目位于第1、2条列线的位置，第22行代码设置项目位于第3、4条行线的位置。本例运行效果如图13-12所示。

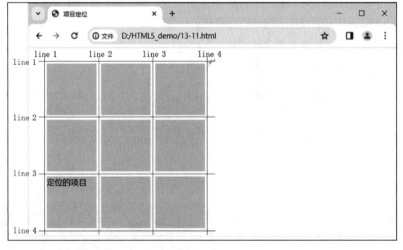

图 13-12　运行效果

通过指定项目所在网格线的位置，也可以让项目占据某一个网格区域（行或列的合并），实现更为复杂的页面布局效果。

【例 13-12】仿哔哩哔哩首页视频布局

```
01  <!DOCTYPE html>
02  <html>
03  <head>
04      <meta charset="UTF-8">
05      <title>仿哔哩哔哩首页视频布局</title>
06      <style>
07          .container {
08              display: grid;
09              grid-template-columns: repeat(5, 1fr);
10              grid-template-rows: repeat(2, 180px);
11              gap: 10px;
12          }
13          .container div {
14              background-color: #FBC2EB;
15              border-radius: 5px;
16          }
17          .item1{
18              grid-row: 1/3;
19              grid-column: span 2; /*跨越2个单元格 等同于grid-column: 1/3;*/
20          }
21      </style>
22  </head>
23  <body>
24      <!-HTML部分代码同例13-11-->
25  </body>
26  </html>
```

第18、19行代码设置项目占据2行2列，运行效果如图13-13所示。

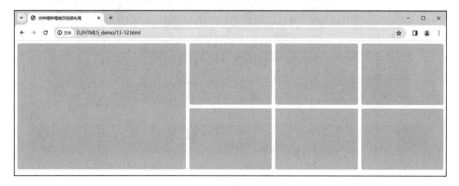

图 13-13　运行效果

13.4.2　grid-area 属性

属性grid-column和grid-row可以使用grid-area做进一步简化，其语法格式如下：

```
grid-area: grid-row-start / grid-column-start / grid-row-end /
grid-column-end;
```

因此，例13-11中第18、19行代码也可以采用如下写法：

```
grid-area: 1 / 1 / 3 / span 2;
```

表示从第1根行线开始到第3根行线结束；从第1根列线开始，跨越2个单元格。

13.5　实战案例："大学生参军网站"视频展播列表

视频展播列表采用卡片式布局，将内容划分为一系列的卡片方块，每个卡片方块
包含一个特定的主题或信息。这种布局方式可以让页面看起来更加整洁和美观，并且
可以有效地突出每个卡片方块的重点内容。

1. 案例呈现

本案例中要完成的视频展播列表效果如图13-14所示，共2行4列，每个项目中包含封面图、标题、发布时间三部分。

图 13-14　案例效果

2. 案例分析

在上述页面布局中，有行有列，因此整体上使用Grid布局较为方便。每个视频信息显示项目中的封面图、标题、发布时间是沿垂直方向进行轴线布局的，因此在每个显示项目中使用Flex布局即可。

3. 案例实现

根据以上分析，使用HTML搭建页面的结构，代码如下：

```
01    <!DOCTYPE html>
02    <html>
03    <head>
04        <meta charset="UTF-8">
05        <title>视频展播</title>
06        <link rel="stylesheet" href="css/css.css">
07    </head>
08    <body>
09        <div class="wrapper">
10            <article class="card">
11                <img src="images/v1.jpg" alt=""/>
12                <div class="card_content">
13                    <h3>五四青年节《有我》</h3>
14                    <p>2023-05-05</p>
15                </div>
16            </article>
17            <!--后续HTML结构同上，具体参见随书电子资源-->
18        </div>
19    </body>
20    </html>
```

创建CSS文件，CSS样式代码如下：

```
01    /* 定义一个容器类，以网格布局显示卡片 */
02    .wrapper {
03        display: grid; /* 使用网格布局 */
04        grid-template-columns: repeat(4, 1fr); /* 网格分4列，每列宽度相等 */
05        grid-gap: 10px; /* 网格项目之间的距离 */
06        width: 1400px; /* 容器宽度固定 */
07        margin: 20px auto; /* 自动左右居中 */
08    }
09    /* 定义卡片的基本样式 */
10    .card {
11        display: flex; /* 使用弹性布局 */
12        flex-direction: column; /* flex项目垂直排列 */
13        border-radius: 5px;
14        box-shadow: 5px 5px 5px 5px rgba(0, 0, 0, 0.1);
15    }
16    /* 定义卡片内容区域样式 */
17    .card_content {
18        display: flex; /* 使用弹性布局 */
19        flex-direction: column; /* 子元素垂直排列 */
20        flex-grow: 1; /* 占据剩余空间，实现内容自适应 */
21    }
22    /* 定义卡片内容区域的标题(h3)和段落(p)的样式 */
23    .card_content h3, .card_content p {
24        margin: 5px;
```

```
25        /* 文字溢出后显示省略号 */
26        overflow: hidden;
27        white-space: nowrap;
28        text-overflow: ellipsis;
29    }
30    .card_content p {
31        color: #9C9C9C;
32    }
```

13.6　本章小结

　　本章介绍了 Grid 布局方法和相关基本概念，对容器的属性、项目的属性进行了重点介绍。Grid 布局和 Flex 布局既有相似之处，又有不同之处，在使用过程中，选择哪种布局方式取决于具体的页面需求和设计要求。通常是结合使用这两种布局方式，以实现更加丰富和灵活的页面效果。

第14章

Web 前端项目综合实践——文创商城

前面各章详细介绍了Web前端开发的核心要素，包括HTML标签、CSS属性和常见的页面布局方法等，并实战了一个"大学生参军入伍专题网站"。本章将以文创商城为例进行Web前端项目综合实践，从需求分析、原型设计、页面设计与实现等方面详细介绍Web前端开发流程。通过实践操作，读者可以对Web前端相关知识进行整合与深化，从而提升实战能力。

本章学习目标

- 了解 Web 前端设计的一般步骤和流程，能够面对实际问题和需求开展前端工作。
- 掌握常见的 HTML 标签和 CSS 属性，能够合理搭建页面结构并美化页面。
- 掌握浮动、Flex、Grid 等布局方法，具备复杂网页布局的能力。

14.1 项目概述

我国历史悠久、文化璀璨。在目前发现的文物中，已有绘画、书法、玉器、陶瓷、铜器、钱币等各类艺术品和历史遗物。其中，绘画和书法作为我国独特的艺术形式，具有极高的艺术价值和历史意义；玉器、陶瓷等艺术品则展现了我国古代精湛的工艺水平和文化内涵。保护和传承这些文化艺术是新时期新青年应有的担当。

2021年12月14日，习近平总书记在中国文学艺术界联合会第十一次全国代表大会、中国作家协会第十次全国代表大会开幕式上提到："要挖掘中华优秀传统文化的思想观念、人文精神、道德规范，把艺术创造力和中华文化价值融合起来，把中华美学精神和当代审美追求结合起来，激活中华文化生命力。"2023年7月29日，习近平总书记在考察汉中市博物馆时指出，要发挥好博物馆保护、传承、研究、展示人类文明的重要作用，守护好中华文脉，并让文物活起来，扩大中华文化的影响力。

　　文创商品是传统文化的创新表达，"文"是基础，"创"是手段。人们通过创意设计和现代工艺，在文创商品中将传统文化元素与现代审美相结合，使传统文化焕发出新的活力。本项目以中国国家博物馆文创商品为主题，设计实现一个文创商城。通过互联网技术拓宽文创商品销售渠道，让更多的人通过文创商品这个载体了解传统文化的内涵和价值，理解民族精神的历史渊源和文化传承，从中领略工匠精神和艺术之美，助推博物馆文化IP建设。

　　💡 **注意：** 文化 IP 即文化知识产权，通常是指基于某一原创概念、故事、角色、符号等知识产权所发展起来的文化现象和产业生态。优秀的文化 IP 代表了国家文化的独特性和创新力，有助于提高国际影响力和文化软实力。

14.2　需求分析

　　文创商城的目标用户主要为具有一定文化素养和艺术鉴赏能力的消费者，目标人群较为广泛，涵盖文化爱好者、潮流追求者、学生等不同群体。他们较为注重购物体验和服务质量，希望在便捷的购物流程中获得优质的服务。基于此，文创商城在整体设计上应坚持"清晰明了，简洁大方"的原则。

　　用户访问文创商城，查看商品介绍并下单购买，因此商城主要包含商品展示、购物结算、订单管理、购物车、用户中心等功能模块。限制篇幅，本案例仅介绍首页、商品列表页、商品详情页的设计与制作，重点介绍页面布局的实现，暂不添加JavaScript客户端用户交互特效。

14.3　原型设计

　　在页面布局之前一般先做原型设计。原型设计是通过创建线框草图、低保真原型图、中保真原型图或高保真原型图来模拟真实的产品或系统。通过原型设计可以让需求可视化，便于团队更好地理解用户需求、优化设计方案和提高产品质量。Web前端常用的原型设计工具包括Axure RP、Sketch、Figma、InVision和Mockplus等。

　　本项目中，首页、商品列表页、商品详情页原型设计（局部效果）如图14-1至图14-3所示，具体原型设计效果可以参看配套资源中的相关文件。

图 14-1　首页原型设计图（局部效果）

图 14-2　商品列表页原型设计图（局部效果）

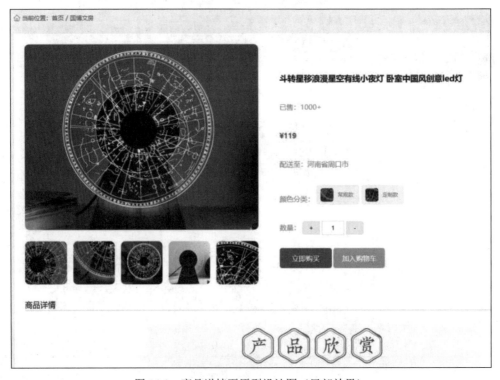

图 14-3　商品详情页原型设计图（局部效果）

14.4　公共部分的设计与实现

通过原型设计可以看出，在首页、商品列表页、商品详情页三个页面中，页面的头部、底部和右侧悬浮导航是相同的，为提高代码的复用性，将这些部分的样式抽取到公共部分，便于后期统一维护。

14.4.1　重置样式

为消除不同浏览器之间默认样式的差异，在页面布局之前需要重置样式，如设置内外间距为0、设置body字体和字号、设置超链接样式、清除浮动等。新建名为"common.css"的公共样式文件，重置样式的CSS代码如下：

```
01  *{
02      margin: 0;
03      padding: 0;
04      border: 0;
05  }
06  body{
07      font-size: 14px;
08      background-color: #F5F5F5;
09  }
10  li{
11      list-style: none;   /* 设置不显示项目符号 */
12  }
13  a{
14      text-decoration: none;   /* 设置超链接无下画线 */
15      color: #4F4F4F;
16  }
17  .clearfix::after {
18      content: "";
19      display: table;
20      clear: both;
21  }
```

14.4.2　页面头部

页面头部由顶部导航和主导航两部分组成，下面分别介绍实现过程。

1. 顶部导航

顶部导航相对简单，有背景色，宽度铺满整个浏览器窗口。导航中的文本在页面版心中靠右对齐。其中，文本"购物车"前有字体图标。案例中使用的字体图标库为Font Awesome Pro 6.4.0。使用时将下载的fontawesome-pro-6.4.0-web文件夹中的webfonts文件夹复制到项目中，并在HTML文件中引入all.min.css文件。

```
<link rel="stylesheet" href="fontawesome-pro-6.4.0-web/css/all.min.css">
```

在官网查询浏览所需的图标，并给<i>标签套用图标对应的CSS类名即可。Font Awesome Pro
6.4.0提供了粗体、常规、细体、双色等不同的样式，使用方法如下：

```
01  <body>
02      <!-- 粗体 -->
03      <i class="fa-solid fa-user"></i>
04      <!-- 常规 -->
05      <i class="fa-regular fa-user"></i>
06      <!-- 细体 -->
07      <i class="fa-light fa-user"></i>
08      <!-- 双色 -->
09      <i class="fa-duotone fa-user"></i>
10      <!-- 全新极细 -->
11      <i class="fa-thin fa-user"></i>
12      <!-- 全新锐利系列 -->
13      <i class="fa-sharp fa-solid fa-user"></i>
14      <!-- 标志 -->
15      <i class="fa-brands fa-github-square"></i>
16  </body>
```

💡 **注意：** Font Awesome、Iconfont 是当前主流的矢量图标库，可通过 CSS 设置字体图标的颜色、大小等样式，与操作普通文本类似。

顶部导航部分使用<ul>标签搭建HTML结构，代码如下：

```
01  <header class="head_wrap">
02      <ul class="head">
03          <li>注册</li>
04          <li>登录</li>
05          <li>我的订单</li>
06          <li><i class="fa-light fa-cart-shopping"></i> 购物车（0）</li>
07      </ul>
08  </header>
```

容器head_wrap的宽度取默认值100%，元素head采用Flex布局，水平居中。Flex项目间距为
20px，沿主轴右对齐。顶部导航对应的CSS代码如下：

```
01  .head_wrap{
02      background-color: #4F4F4F;
03      height: 20px;
04  }
05  .head{
06      width: 1400px;
07      margin: 0 auto;
08      display: flex; /* 采用Flex布局 */
09      font-size: 12px;
10      color: #FFFFFF;
11      gap: 20px; /* 设置间距 */
12      justify-content: flex-end; /* 主轴方向靠右对齐 */
```

```
13   }
```

2. 主导航

主导航沿水平方向分为商城Logo、导航栏目和搜索表单三部分，因此适合采用Flex布局。主导航部分的HTML结构如下：

```
01   <nav class="nav_wrap">
02     <div class="navbar-brand">
03       <a href="#" class="">
04         <img src="images/logo.png" height="50" alt="">
05       </a>
06     </div>
07     <div class="navbar">
08       <a href="#" class="active">首 页</a>
09       <a href="#">国博文房</a>
10       <a href="#">古韵家居</a>
11       <a href="#">国风配饰</a>
12       <a href="#">雅致生活</a>
13     </div>
14     <div class="search">
15       <form action="" method="post" class="form_container">
16         <input type="text" class="search_txt" placeholder="请输入">
17         <button type="submit" class="search_btn">
18           <i class="fa-regular fa-search"></i>
19         </button>
20       </form>
21     </div>
22   </nav>
```

> 💡 **注意：** 搜索按钮上的文本是字体图标，若使用<input type="submit">则无法将字体图标设置为按钮的文本内容。因此，此处使用<button></button>标签，并设置 type 属性为 "submit" 来实现相同的效果。

在搜索表单中，文本框采用圆角设计，为了让搜索按钮位于文本框内部，需使其相对于原有位置向左偏移，因此搜索按钮应采用相对定位进行布局。主导航部分的CSS样式代码如下：

```
01   /* 导航容器样式 */
02   .nav_wrap {
03       display: flex;
04       align-items: center; /* 交叉轴上的对齐方式 中心对齐 */
05       height: 40px;
06       width: 1400px;
07       margin: 20px auto;
08   }
09   /* 站点Logo样式 */
10   .navbar-brand{
11       margin-right: 120px;
12   }
13   .navbar{
14       /* 设置扩展比例，使该元素能够填充父元素中可用的额外空间 */
15       flex-grow: 1;
```

```
16      }
17      /* 导航链接样式 */
18      .navbar a {
19          font-size: 17px;
20          color: #4F4F4F;
21          margin-right: 40px;
22      }
23      /* 导航激活时的状态 */
24      .active{
25          color: #8E6E19;
26          border-bottom: 2px solid #8E6E19;
27      }
28      /* 搜索样式 */
29      .search_txt{
30          border: 1px solid #E0E0E0;
31          border-radius: 20px;
32          height: 35px;
33          line-height: 35px;
34          padding-left: 10px;
35          width: 200px;
36      }
37      .search_btn{
38          width: 50px;
39          height: 35px;
40          background-color: transparent; /* 设置元素的背景颜色为透明 */
41          color: #666666;
42          position: relative; /* 相对定位 */
43          left: -50px; /* 向左偏移的值为按钮自身的宽度，以实现按钮和输入框重叠 */
44      }
```

页面头部运行效果如图14-4所示。

图 14-4   页面头部效果

14.4.3   页面底部

页面底部包含商城宣传语和版权信息两部分。其中，宣传语部分采用Flex布局，同样会使用到Font Awesome库中的字体图标。页面底部HTML结构如下：

```
01    <footer class="foot_wrap">
02        <div class="slogan">
03            <ul>
04                <li><i class="fa-light fa-gem"></i>  官方商城 品质保
证</li>
05                <li><i class="fa-light fa-truck-fast"></i>  全场包邮
极速配送</li>
06                <li><i class="fa-light fa-circle-yen"></i>  7天退货
```

```
15天换货</li>
07              <li><i class="fa-light fa-user-tie-hair"></i>  服务
保障 售后无忧</li>
08          </ul>
09      </div>
10      <div class="copyright">
11          <p>关于我们  服务协议  隐私声明  用户协
议</p>
12          <p>客服电话：400-***-****  网站备案号：豫ICP备***号</p>
13          <p>Copyright &copy;2024 ***公司 版权所有</p>
14      </div>
15  </footer>
```

对应的CSS样式代码如下：

```
01  .foot_wrap{
02      height: 200px;
03      background-color: #F9F9F9;
04  }
05  .slogan{
06      width: 1400px;
07      margin: 10px auto;
08      border-bottom: 1px solid #E5E5E5;
09  }
10  .slogan ul{
11      height: 70px;
12      display: flex;
13      justify-content: space-around; /* 设置主轴对齐方式，元素间距相同 */
14      align-items: center; /* 交叉轴方向上的对齐方式为居中 */
15      font-size: 17px;
16      color: #3A3A3A;
17  }
18  .slogan ul i{
19      font-size: 23px; /*字体图标字号*/
20  }
21  .copyright{
22      width: 1400px;
23      margin: 20px auto;
24      font-size: 12px;
25      line-height: 25px;
26      color: #777777;
27  }
```

页面底部运行效果（局部）如图14-5所示。

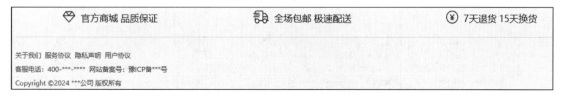

图 14-5　页面底部效果（局部）

14.4.4 悬浮侧边栏

悬浮侧边栏始终固定在页面右侧，包含用户常用的购物车、在线客服、返回顶部3个链接，提高用户使用体验和便利性。悬浮侧边栏部分的HTML结构如下：

```
01  <div class="float_bar">
02      <ul>
03          <li><i class="fa-light fa-cart-shopping"></i></li>
04          <li>购物车</li>
05          <li><i class="fa-light fa-headphones"></i></li>
06          <li>在线客服</li>
07          <li><i class="fa-light fa-arrow-up-to-line"></i></li>
08          <li>返回顶部</li>
09      </ul>
10  </div>
```

使用固定定位方式将元素float_bar以浏览器窗口为参照固定在页面右侧，CSS代码如下：

```
01  .float_bar{
02      width: 60px;
03      height: 200px;
04      position: fixed;   /* 固定定位 */
05      top: 200px;    /* 距上方200px */
06      right: 0;  /* 距右侧0 */
07      background-color: #FFFFFF;
08      box-shadow: 0 10px 20px rgba(0,0,0,0.2);  /* 设置阴影 */
09      z-index: 9999;  /* 置于顶层 */
10  }
11  .float_bar li{
12      color: #A7A7A7;
13      font-size: 12px;
14      text-align: center;
15  }
16  /* 选择奇数li标签，设置文字的样式 */
17  .float_bar li:nth-child(odd) {
18      font-size: 20px;
19      height: 30px;
20      margin-top: 15px;
21  }
```

上面例子的运行效果如图14-6所示（详情页上的效果）。

图 14-6　悬浮侧边栏效果

14.5　首页的设计与实现

首页中包含焦点图、甄选好物、国博文房、国风配饰四个版块。本案例中焦点图仅用单幅图作为示意效果，国博文房和国风配饰版块在实现上基本类似。本节将主要对甄选好物和国博文房两个版块做详细介绍。

14.5.1　甄选好物版块

1. 思路分析

从图14-1的首页原型设计图中可以看出，甄选好物版块包含版块标题和商品列表两部分。标题左、右两侧有渐变装饰线条，可以通过设置before和after伪类元素的渐变背景来实现。商品列表是一个两行多列的布局，因此适合使用Grid布局来实现，其中第一个项目占2行2列。商品的名称和价格位于商品图片之上，需要使用定位来实现，是一个典型的"父相子绝"的布局，即每个商品所在的盒子（每个Grid项目）是相对布局，商品名称和价格所在盒子是绝对布局。

2. 设计实现

新建名为"index.html"的主页文件，根据以上分析，使用HTML搭建该部分的页面结构，代码如下：

```
01  <div class="title_box"> <h2>甄选好物</h2></div>
02  <div class="good_thing">
03      <div class="item1">
04          <a href="#">
05              <img src="images/good_thing01.jpg" alt="">
06              <div class="txt">
07                  <p>甲骨文天气风暴瓶 白色（带LED灯）</p>
08                  <p class="price"><i>&yen;</i><span> 179</span></p>
09              </div>
10          </a>
11      </div> <!--第一个商品结束-->
12      <div>
13          <a href="#">
14              <img src="images/good_thing02.jpg" alt="">
15              <div class="txt">
16                  <p>甲骨文天气风暴瓶</p>
17                  <p class="price"><i>&yen;</i><span> 459</span></p>
18              </div>
19          </a>
20      </div> <!--第二个商品结束-->
21      <!--每个商品的HTML结构相同，此处省略-->
22  </div>
```

新建名为"index.css"的首页样式表文件，使用CSS中的Grid布局、相对布局等属性对以上

HTML结构进行样式美化，代码如下：

```
01   /*版块标题样式*/
02   .title_box {
03      display: flex;
04      align-items: center; /* 使子元素在交叉轴方向上居中对齐 */
05      justify-content: center; /* 使子元素在主轴方向上居中对齐 */
06      gap: 20px; /*标题和横线之间的距离*/
07      margin-top: 50px;
08      margin-bottom: 25px;
09   }
10   .title_box h2 {
11      color: #855A31;
12   }
13   /*使用伪元素实现版块标题左、右两端的渐变线样式*/
14   .title_box::before, .title_box::after {
15      content: "";
16      width: 120px;
17      height: 2px;
18   }
19   .title_box::before{
20      /* 设置背景为从左到右的线性渐变，从 #f0f0f0 渐变到 #a0a0a0 */
21      background: linear-gradient(to right, #f0f0f0, #a0a0a0);
22   }
23   .title_box::after{
24      background: linear-gradient(to left, #f0f0f0, #a0a0a0);
25   }
26   /*甄选好物样式*/
27   .good_thing {
28      width: 1400px;
29      margin: 10px auto;
30      display: grid;
31      grid-template-columns: repeat(5, 1fr); /* 5列均分 */
32      grid-template-rows: repeat(2, 200px);  /* 共2行，每行高200px */
33      gap: 20px;  /* 间距20px */
34   }
35   .good_thing>div {/* 对直接div子元素设置样式 */
36      border-radius: 5px;
37      overflow: hidden;
38      position: relative; /* 父相子绝，便于商品名称和价格的定位 */
39   }
40   .good_thing img{
41      width: 100%;
42      height: 100%;
43   }
44   /* 设置第一个商品的样式，占2行2列 */
45   .good_thing .item1{
46      grid-row: span 2;
47      grid-column: span 2;
48   }
```

```
49    .good_thing .txt{
50        display: flex;
51        justify-content:space-between;
52        width: 90%;
53        height: 35px;
54        line-height: 35px;
55        padding: 0 5%; /* 左右内边距值，以父元素宽度的百分之五计算 */
56        background-color: rgba(0,0,0,0.5);
57        font-size: 14px;
58        color: #FFFFFF;
59        position: absolute;
60        bottom: 0;
61    }
62    .good_thing.price{
63        color: #FFFFFF;
64        font-weight: bold;
65    }
66    .price i{
67        font-style: normal;
68    }
69    .price span{
70        font-size: 20px;
71    }
```

为增强页面的视觉效果和用户的交互体验，为商品图片添加变形和过渡效果——当鼠标经过商品图片时，图片放大1.2倍并平滑过渡。在上述CSS代码的基础上增加如下代码：

```
01    .good_thing img{
02        width: 100%;
03        height: 100%;
04        /* 变换（transform）在0.3秒内以缓入缓出的方式完成 */
05        transition: transform 0.3s ease-in-out;
06    }
07    .good_thing img:hover{
08        transform: scale(1.2);/* 鼠标悬停时图片放大1.2倍 */
09    }
```

甄选好物版块运行效果如图14-7所示。

图 14-7　甄选好物版块效果

14.5.2　国博文房版块

1. 思路分析

与甄选好物版块相比，国博文房版块采用的是2行5列布局，商品名称、价格等信息在呈现形式上略有不同，其他基本相同，因此该版块整体上仍采用Grid布局。此外，当鼠标经过商品时，为所在盒子整体上添加阴影效果。

2. 设计实现

在index.html中使用HTML搭建该版块的结构，可在甄选好物的基础上略微调整，该部分的HTML代码如下：

```html
01  <div class="title_box"> <h2>国博文房</h2></div>
02  <ul id="study_room" class="pro_container">
03     <li class="item1">
04        <a href="#">
05           <img src="images/study_room01.jpg" alt="">
06           <div class="pro_info">
07              <p>2024年国博日历新春日历台历</p>
08              <p class="pro_price"><i>&yen;</i><span> 108</span></p>
09           </div>
10        </a>
11     </li><!--第一个商品结束-->
12     <li>
13        <a href="#">
14           <img src="images/study_room02.jpg" alt="">
15           <div class="pro_info">
16              <p>福禄寿喜木质书签礼盒装</p>
17              <p class="pro_price"><i>&yen;</i><span> 168</span></p>
18           </div>
19        </a>
20     </li><!--第二个商品结束-->
21     <!--每个商品的HTML结构相同，此处省略-->
22  </ul>
```

由于在商品列表页面中采用类似的形式展示商品信息，此部分样式可复用，因此将此部分样式添加到公共样式文件common.css中，此部分CSS代码如下：

```css
01  /*国博文房、国风配饰样式*/
02  .pro_container {
03     display: grid;
04     grid-template-columns: repeat(5, 1fr);
05     grid-template-rows: repeat(2, 300px);
06     gap: 20px;
07     width: 1400px;
08     margin: 10px auto;
09  }
10  .pro_container>li {   /* 对直接li子元素设置样式 */
11     border-radius: 5px;
```

```
12        overflow: hidden;
13        background-color: #FFFFFF;
14        /* 为所有可过渡的属性设置0.2秒的线性过渡效果，无延迟 */
15        transition: all .2s linear 0s;
16    }
17    .pro_container>li:hover {  /*鼠标经过显示阴影 */
18        box-shadow: 0 10px 20px rgba(0,0,0,0.2);
19    }
20    .pro_container img{
21        width: 100%;
22        height: 200px;
23    }
24    .pro_container .item1{
25        grid-row: span 2;
26    }
27    .pro_container .item1 img{
28        height: 100%;
29    }
30    .pro_info{
31        margin-top: 10px;
32        font-style: normal;
33        font-size: 16px;
34        text-align: center;
35        line-height: 35px;
36    }
37    .pro_price{
38        color: #e1251b;
39        font-weight: bold;
40    }
41    .pro_price i{
42        font-style: normal;
43        font-size: 14px;
44    }
```

国博文房版块运行效果如图14-8所示。

图 14-8　国博文房版块效果

国风配饰版块可参照国博文房版块进行实现，在此不再赘述。首页最终效果局部截图如图14-9~图14-11所示，具体请读者打开源代码查看效果。

图 14-9   商城首页效果 1

图 14-10   商城首页效果 2

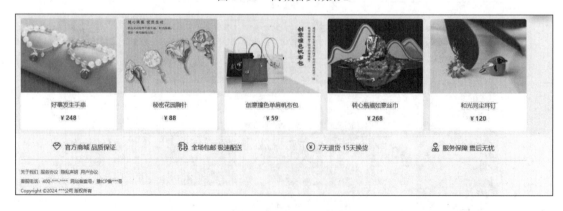

图 14-11   商城首页效果 3

14.6　商品列表页的设计与实现

除14.4节公共部分已实现的部分外，商品列表页主要包含当前位置、商品类型筛选、商品列表和分页导航四部分。商品列表与首页中的商品展示列表类似，本节主要介绍商品类型筛选和分页导航的实现。

14.6.1　商品类型筛选

1. 思路分析

商品类型筛选在结构上可由列表来组成，在表现上可使用浮动或者Flex布局来实现，但使用Flex更为简单，因此本案例采用Flex布局。

2. 设计实现

新建名为"list.html"的商品列表页面，使用HTML搭建商品筛选的基本结构，以"分类"筛选为例，HTML代码如下：

```
01  <ul class="pro_filter">
02      <li>分类: </li>
03      <li>文具礼盒</li>
04      <li>创意书签</li>
05      <li>此处省略其他更多类别</li>
06  </ul>
```

新建名为"list.css"的商品列表样式文件，定义商品类型筛选相关样式，CSS代码如下：

```
01  .pro_filter{
02      width: 1400px;
03      margin: 10px auto;
04      display: flex;
05      gap: 30px;
06      border-bottom: 1px solid #D6D7D7;
07  }
08  .pro_filter li{
09      height: 35px;
10      color: #777777;
11      line-height: 35px;
12  }
```

商品类型筛选部分运行效果如图14-12所示。

分类:	文具礼盒	创意书签	笔记本	纸胶带	文具小件	创意贺卡	文件夹	鼠标垫
价格:	100以下	100-300	300-500	500以上				
场景:	办公室	书房						

图 14-12　商品类型筛选效果

14.6.2　分页导航

1. 思路分析

分页导航部分由若干个带超链接的页码组成，对当前页码进行高亮显示，单击对应的页码可以链接到对应页的数据。分页导航可以使用Flex布局进行实现，项目沿水平方向主轴居中对齐。

2. 设计实现

在商品列表页面list.html中，使用HTML搭建分页导航的基本结构，其对应的HTML代码如下：

```
01  <div class="pagination">
02      <a href="#" class="active">1</a>
03      <a href="#">2</a>
04      <a href="#">3</a>
05      <a href="#">4</a>
06      <a href="#">5</a>
07  </div>
```

在商品列表样式文件list.css中，添加分页导航相关样式，其CSS代码如下：

```
01  .pagination {
02      display: flex;
03      justify-content: center;
04      width: 1400px;
05      margin: 20px auto;
06  }
07  .pagination a {
08      color: #000000;
09      padding: 8px 12px;
10      text-decoration: none;
11      border: 1px solid #ddd;
12      margin: 0 5px;
13  }
14  .pagination a.active {   /*定义分页组件中激活状态的链接的样式。*/
15      background-color: #AD8442;
16      color: #FFFFFF;
17      border: 1px solid #AD8442;
18  }
19  .pagination a:hover:not(.active) {
20      background-color: #dddddd;
21  }
```

商品列表页面最终运行效果（局部）如图14-13所示，具体请读者打开源代码查看效果。

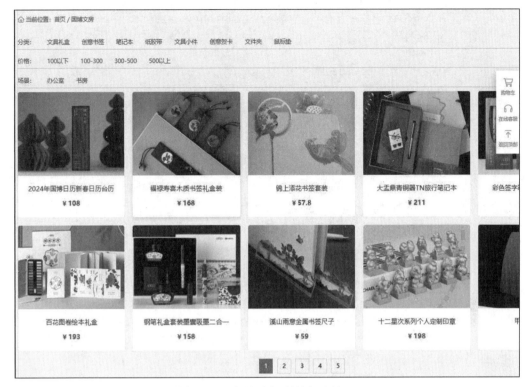

图 14-13　商品列表页效果（局部）

14.7　商品详情页的设计与实现

1. 思路分析

商品详情页主要对商品信息进行详细介绍，其主体部分包含商品简介和商品详细信息上下两块内容。因此，将主体部分放置在容器pro_wrap中，容器分为pro_intro（商品简介）和pro_detail（商品详情）两部分；pro_intro中再分为pro_preview（商品主图、缩略图）和pro_info（商品名称、价格、配送等信息）左右两部分。pro_preview采用Grid布局，pro_info采用Flex布局，垂直方向为主轴方向。

2. 设计实现

基于以上分析，新建名为"detail.html"的商品详情页面，其HTML部分的代码如下：

```
01    <div class="pro_wrap">
02      <div class="pro_intro clearfix">
03        <div class="pro_preview">
04          <div class="pro_main_img"><img src="images/intro1.jpg"
alt=""></div>
05          <div><img src="images/intro2.jpg" alt=""></div>
06          <div><img src="images/intro3.jpg" alt=""></div>
07          <div><img src="images/intro4.jpg" alt=""></div>
```

```
08                <div><img src="images/intro5.jpg" alt=""></div>
09                <div><img src="images/intro6.jpg" alt=""></div>
10           </div>
11           <!--pro_preview end-->
12           <div class="pro_info">
13                <h3>斗转星移浪漫星空有线小夜灯 卧室中国风创意led灯</h3>
14                <p>已售：1000+</p>
15                <p class="price">&yen;119</p>
16                <p>配送至：河南省周口市</p>
17                <p>颜色分类：
18                <span class="pro_category"><img src="images/intro3.jpg"
alt=""> 常规款 </span>
19                <span class="pro_category"><img src="images/intro6.jpg"
alt=""> 定制款 </span>
20                </p>
21                <p>数量：
22                <input type="button" value="+" class="pro_cnt_btn
pro_cnt_btn_left">
23                <input type="text" value="1" class="pro_cnt_txt">
24                <input type="button" value="-" class="pro_cnt_btn
pro_cnt_btn_right">
25                </p>
26                <p>
27                <input type="button" value="立即购买" class="btn btn_buy">
28                <input type="button" value="加入购物车" class="btn
btn_cart_shopping">
29                </p>
30           </div>
31           <!--pro_info end-->
32      </div>
33      <!--pro_intro end-->
34      <div class="pro_detail">
35           <div class="pro_detail_title">商品详情</div>
36           <div class="pro_detail_content">
37                <p><img src="images/detail1.jpg" alt=""></p>
38                <p><img src="images/detail2.jpg" alt=""></p>
39                <p><img src="images/detail3.jpg" alt=""></p>
40                <p><img src="images/detail4.jpg" alt=""></p>
41           </div>
42      </div>
43      <!--pro_detail end-->
44 </div>
```

商品详情页面中的样式主要是对元素外观进行美化，对应的CSS代码如下：

```
01   /*商品信息容器*/
02   .pro_wrap{
03        width: 1350px;
04        margin: 0 auto;
```

```
05        padding: 25px;
06        background-color: #FFFFFF;
07    }
08    /*商品主图及缩略图样式*/
09    .pro_preview{
10        width: 550px;
11        height: 550px;
12        float: left;
13        display: grid;
14        grid-template-columns: repeat(5, 1fr);
15        grid-template-rows: repeat(5, 1fr);
16        gap: 15px;
17    }
18    .pro_preview img{
19        width: 100%;
20        border-radius: 10px;
21    }
22    .pro_main_img{
23        grid-row: span 4;
24        grid-column: span 5;
25    }
26    /*商品信息样式*/
27    .pro_info{
28        width: 750px;
29        height: 500px;
30        float: right;
31        padding-left: 50px;
32        padding-top: 50px;
33        display: flex;
34        flex-direction: column;
35        align-items: flex-start;
36        gap: 30px;
37    }
38    .pro_info p{
39        color: #9C9C9C;
40    }
41    .pro_info p.price {
42        font-size: 16px;
43        font-weight: bold;
44        color: #e4393c;
45    }
46    /*商品颜色分类样式*/
47    .pro_category{
48        width: 80px;
49        height: 35px;
50        background-color: #F4F5F5;
```

```
51        font-size: 12px;
52        border-radius: 5px;
53        padding: 5px 10px;
54        display: inline-flex;
55        align-items: center;
56        gap: 10px;
57    }
58    .pro_category img{
59        width: 30px;
60        height: 30px;
61        border-radius: 5px;
62    }
63    /*购买数量加减按钮和文本框样式*/
64    .pro_cnt_btn{
65        width:40px ;
66        height: 30px;
67        background-color: #EFEFEF;
68        border: 1px solid #E4E4E4;
69    }
70    .pro_cnt_btn_left{
71        border-radius: 5px 0 0 5px;
72    }
73    .pro_cnt_btn_right{
74        border-radius: 0 5px 5px 0;
75    }
76    .pro_cnt_txt{
77        width:50px ;
78        height: 30px;
79        border: 1px solid #E4E4E4;
80        text-align: center;
81    }
82    /*立即购买和加入购物车按钮样式*/
83    .btn{
84        height: 45px;
85        width: 120px;
86        border-radius: 5px;
87        color: #FFFFFF;
88        font-size: 16px;
89    }
90    .btn_buy{
91        background-color: #BD3124;
92    }
93    .btn_cart_shopping{
94        background-color: #E99D42;
95    }
96    /*商品详情样式*/
```

```
97    .pro_detail_title{
98       font-size: 18px;
99       margin: 20px auto;
100      border-bottom: 2px solid #EAEAEA;
101   }
102   .pro_detail_content{
103      text-align: center;
104   }
```

商品详情页面运行效果（局部）如图14-14所示，具体请读者打开源代码查看效果。

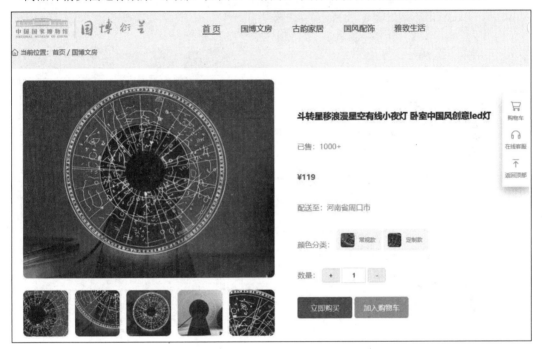

图 14-14　商品详情页效果（局部）

14.8　本章小结

　　本章详细介绍了文创商城首页、商品列表页和商品详情页的设计与制作过程。通过项目化的学习，一方面加深读者对基础知识的理解和运用，另一方面提升读者对Web前端项目的整体把控能力和解决实际问题的应用能力。读者可结合本章中已完成的3个页面，自行完成注册、登录、提交订单、用户中心等相关页面。